U0176398

富足感

给孩子受用一生的金钱观

陈怡芬　著

中信出版集团 | 北京

图书在版编目（CIP）数据

富足感：给孩子受用一生的金钱观 / 陈怡芬著 . --
北京：中信出版社，2020.6
ISBN 978-7-5217-1822-5

Ⅰ . ①富… Ⅱ . ①陈… Ⅲ . ①财务管理－青少年读物
Ⅳ . ① TS976.15-49

中国版本图书馆 CIP 数据核字（2020）第 070252 号

富足感：给孩子受用一生的金钱观

著　　者：陈怡芬
出版发行：中信出版集团股份有限公司
　　　　　（北京市朝阳区惠新东街甲 4 号富盛大厦 2 座　邮编　100029）
承 印 者：北京诚信伟业印刷有限公司

开　　本：880mm×1230mm　1/32　　印　　张：6.5　　字　　数：120 千字
版　　次：2020 年 6 月第 1 版　　　印　　次：2020 年 6 月第 1 次印刷
广告经营许可证：京朝工商广字第 8087 号
书　　号：ISBN 978-7-5217-1822-5
定　　价：49.00 元

让孩子幸福一生的教育

几乎每一位父母都会考虑一个问题：怎样才能使孩子拥有一个幸福的人生？对于这个问题的焦虑，使得父母竭尽所能，给孩子报各种各样的辅导班、兴趣班，恨不得让孩子拥有"十八般武艺"，以应对幸福人生路上激烈的竞争。然而，父母常常忽略了一项基础素养的培养，这项基础素养就是财经素养。

财经素养是财经相关知识、应用能力和价值观的综合体，它能够使个体对面临的财经问题进行合理分析、判断和决策，以提升个体和家庭的福祉。越来越多的研究表明，高财经素养者更可能预先计划、储蓄，做出负责任的财经行为，能更大程度地抵御收入和支出变化的冲击，能采取更适合的方式应对市场变化，管理可能的风险。由此可见，良好的财经素养会使个体财经决策行为产生积极改变。

在现代社会中，我们每天都会接触到各种各样的财经信息，我们需要做的财经决策也越来越多，小到日常收支，大到买车买房、教育投入等。对于个人和家庭来说，财经决策涉及的财务状况变动幅度较大，对个人和家庭的福祉会产生极大的影响。然而，做好财经决策并不是一件容易的事情。一方面，越来越复杂的财经决策使得多数人进行决策时常常面临很大困难，容易做出错误决策，从而可能产生巨大的不良后果。另一方面，由于过去教育的缺失，人们的财经素养水平普遍不高，甚至一些基本的金融常识都不具备，更加难以应对在当今财经社会所需要面临的种种财经问题。

那么，如何提高人们的财经素养水平呢？世界各国的机构和专家的答案几乎是一致的，即开展财经素养教育，使得个体具有或提升到一定的财经素养水平，能够在财经社会中生存和发展。世界上一些发达国家，纷纷出台了各类政策，加大对财经素养教育的投入和政策支持。截至目前，已有美国、英国、澳大利亚、日本等20多个国家将财经素养教育上升到国家战略层面，纳入国家教育体系。2012 年，由经济合作与发展组织（OECD）发起的著名国际学生评估项目（PISA），也首次引入"财经素养"概念并作为测评内容之一在全球 18 个国家或地区进行测试。这些国家和组织对财经素养教育的重视，推动着财经素养教育在世界范围的发展，也逐步在我国引发更多的关注。

对于很多父母来说，他们接着会关心从什么时候开始进行财经素养教育合适。已有的研究和实践都表明，财经素养教育需要从孩子开始。财经素养的核心构成，如财经价值观、财经应用能力等，通常是在孩子小的时候形成的，如小学、幼儿园甚至更早的年龄段。在这个过程中，父母起着关键的作用。父母有意识的引导、父母的言传身教，都将作为孩子人生中财经素养教育的第一课给他们莫大的影响和帮助。

但由于所接受教育的缺失，许多父母不知道该如何给孩子上好这一课。这本书可以提供一个很好的参考。作者从四大人生主题——金钱的真正价值、如何用正确的金钱价值观在生活中做选择、如何获得金钱、如何将家庭财富传给孩子——出发，通过从育儿阶段到空巢阶段的 43 个常见的金钱问题，引导父母思考，培养孩子财经素养的意义。其中，作者特别强调金钱价值观的培养，这是非常有意义的。价值观是财经素养的基础构成，正确价值观的树立，将会对孩子的一生产生积极影响。相信这本书不仅能带给读者很多实用的方法，也能加深读者对财经素养的理解，给大家很多启迪。

苏凇

教授、北京师范大学

财经素养教育研究中心主任

亲子之间，谈爱也谈钱

2018 年年初的一天遇到银行老同事。"怡芬，今年是'小富翁理财营'20 周年！"她兴奋地提醒我。时间过得真快，1997 年开始倡导亲子理财观念、开办儿童账户和理财套餐时，我的两个女儿一个刚读小学、一个才一岁多，现在大女儿已是大医院的营养师、小女儿也大学毕业了，而当年第一批参加"小富翁理财营"的小孩子现在已三十而立，那时的"小富翁"此时都已成为社会的栋梁之材。

回顾自己服务金融业将近 30 年的经历，自认交出了尚令人满意的成绩单，且对社会有些微贡献和价值，这就要说到 20 年前发起台湾第一个针对儿童及青少年所设计的理财产品。

当初的设想，是从自己当母亲开始的。大女儿出生时，已在银行工作的我，想要借着帮孩子开银行账户来开始构建孩子的"资产"，这是出自身为人母的爱心，也出自对银行工作的热忱。但是，当我问同事怎样帮刚出生的小婴儿开户时，却发现没人能给我完整的答案，我只能猜想是外资银行专注于以成年人为主的富裕阶层，无法扩及普罗大众（包括还没有行为能力的小婴儿）。而当我4年后生下小女儿，且换工作到台湾本地银行后，我才重启当初未完成的心愿，开始探寻开发儿童金融产品的可能性。

当时身为业务部营销企划小组负责人的我，与银行、合作企业同人共同努力，设计了"小富翁理财套餐"，由于切中父母重视子女理财的心理与实务需求，推出之后就获得广大父母的热烈响应。

基于"给孩子鱼吃，也要教孩子如何钓鱼"的理念，当时为配合"小富翁理财套餐"的推出，团队也针对小学四至六年级的学生开办"小富翁理财营"，1998年开办以来年年爆满，至今已有超过5 500名学员结业。

理财套餐的设想与理财营的推广，引起了父母对亲子理财的重视，并加速启动了台湾儿童理财教育。记得当时台湾编译馆还前来询问，希望我们提供教材资料以供小学教科书的编撰参考。从儿童理财套餐推出至今，全球经历数次金融风暴，促使人们更重视"理财要从小做起"的教育使命，金融机构在推动业务的同时，也加强对家庭理财风险管控的服务，许多协会、基金会等公益机构也加入亲子理财教育的行列，让我们的下一代不要再因缺乏理财常识而受苦。

我的工作历程至今有 3/4 的时间与财富管理有关，我带领过上千名理财专业人员为客户服务。财富管理究竟在管理什么"财富"？理财从业人员对社会到底有什么价值？日日月月醉心于理财指导的同时，我经常反省财富管理的原则，不断思考亲子理财的真义。因此，在个人开始亲子理财服务工作 20 年之际，我决定整理出自己经观察和实践而总结的理财经验与观点，以短小的篇幅、轻松易读的笔调，与读者们分享。

当年开办"小富翁理财营"时有人问我："这是要教小朋友如何投资赚钱吗？"他们担心孩子会养成拜金主义，变得唯利是图；而我在打算写这本书时，也被知情的友人询问是否是为了教授亲子投资理财术，好为家庭多赚钱；也有人以为我要出版写给孩子们读的理财教科书。答案当然都不是，这本书，我是想写给爸爸妈妈的。

无论是新手父母，还是像我这般子女已成年的父母，我都期待读者能通过拙作，与某些想法产生共鸣或获取些许知识。无论家里谁负责赚钱或管钱，爸爸妈妈都像企业的财务总监一样，必须负起家庭的财务责任，并从自己的言传身教中，给予孩子一生受用的理财价值观。

针对子女的不同年龄，本书内容涵盖的理财面很广，以便读者能思考家中和亲子间的财富大小事。

亲子理财是亲子教育中重要的一环，亲子间若能好好谈钱，相信也有助于家庭和乐。希望此书，让父母与子女之间的"钱途"更加顺畅，幸福感倍增。

目录

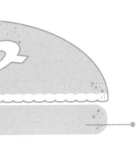

第二章　怎么教孩子用钱

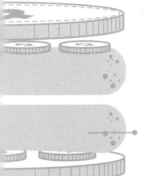

第四章　怎么把钱留给孩子

结语

第一章
怎么跟孩子谈钱

一个人的金钱观主要受父母影响。
如果我们从来不跟孩子谈钱，
如何让他们拥有正确的金钱观？

父母要先明确自己的金钱观，彼此达成共识，
再通过言传身教，为孩子打造受用一生的"理财脑"。

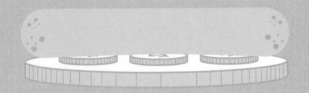

孩子，我想给你全世界

留给孩子的财产，不一定是看得见的金银财宝。精神层面的观念教育、给孩子的关心爱护，才是浇灌孩子未来有能力经营生活的重要养分。

记得辛苦怀胎十月，在医院生下大女儿之际，充满身体的母性激素让我在第一次喂孩子吃奶时，变得多愁善感。看着孩子幼小稚嫩的无助模样，想到她即将面对复杂多变、充满未知的人生，我不禁涌起浓浓母爱，内心想大声呐喊："孩子啊，我要给你全世界！"

中国人普遍把家庭看得很重，子女的未来俨然是父母的责任。即便在孩子成年后，一方面，父母仍继续为他们操心婚姻、看顾孩子；另一方面，父母也存在"养儿防老"的观念，暗暗地把生养孩子当成为自己的老年生活买保险。

家庭的传承在中国文化里几乎涵盖了"所有"，不仅给了孩子生命，还要将财产留给孩子，"家产代代传承"的观念根深蒂固。

小心孩子染上"富贵病"

给了孩子生命的父母，是否还想把身外所有资产都留给孩子，让子子孙孙永远受益呢？但是"所有"究竟指的是什么？给孩子的是否只是物质层面的资产？精神层面的给予，如父母的言传身教及对孩子的陪伴关爱这些无形的资产，是否才是"最珍贵的全世界"呢？

父母所拥有的有形资产，如房子、存款、现金、股票等在能力和意愿许可下，通过法律赠予或继承便可合法传给下一代，然而父母更要思考的是：你想要给孩子的有形资产，真的是孩子需要的吗？当然绝大部分人会说："钱谁会不要？"但是社会新闻中常有因家庭分产而反目成仇的案例，父母留下过多财产给子女反而酿成灾祸，或让子女染上"富流感"（affluenza，富裕 affluence 和流行性感冒 influenza 的混合词），并出现沉溺物质、缺乏生活目标等后遗症。

父母该给孩子多少金钱财产，如何拿捏分配的数额和比例是个大学问。即使父母自认不是什么有钱人、家里没什么财产，问题还是存在，值得深思。美国媒体报道，多数资产超过 3 000 万美元的富豪，表示会留给子女每人约 150 万美元，足够让孩子买下一幢房子，接受良好的教育。

好观念更胜金银财宝

父母把财产留给孩子，除了保障孩子未来的生活，也希望能传承自己努力所获的成就。台湾家族企业中有近六成，仍选择子承父业，这些家族企业老板坚持要孩子接班，认为自己辛苦打拼事业，都是为了孩子将来能继承、发展。家族企业让下一代继承所有权和经营权，继续将所有权与经营权混为一体，其实会给企业治理带来负面影响。

子承父业的想法是真的尊重孩子意愿了吗？万一孩子接班能力不足，结果适得其反毁掉公司呢？父母要思考的是，自己是否将愿望寄托在子女身上，想复制另一个"长生不老"的自己呢？

父母这种"想给孩子全世界"的想法，还包括如何帮孩子在人生战场上站稳脚跟、取得先机。父母担忧孩子在竞争激烈的社会中，输在资金不足上，这种心理是能理解的，然而因过度重视子女，有些父母在有生之年就把财产提前赠予，拿退休金供孩子创业，抵押自住的房子贷款给孩子用，往往忽略为自己的老年生活留有余地，管控风险。社会新闻里常有年迈老人遭子女弃养的悲剧，在老人福利制度尚未完善、人口平均寿命增加的趋势下，自己老去时是否有足够的钱养老，也是为人父母者需要未雨绸缪的。"只要对孩子好，把全世界都给孩子，孩子就理当孝顺赡养父母，父母也能换得终老的照顾保障"，如此的想法恐怕是一厢情愿。

在"想给孩子全世界"的心理作用下，父母容易溺爱孩子，孩子要什么给什么，即使自己生活过不下去，也要想办法赚钱满足孩子。这不仅使父母在理财上平添压力，也会使孩子养成不当的金钱观念。父母应当了解，留给孩子的财产，不一定是看得见的金银财宝。精神层面的观念教育、给孩子的关心爱护，才是浇灌孩子未来有能力经营生活的重要养分。

给孩子探索世界的足够能力，比起留下的万贯财产，更能让子子孙孙永远受益啊！

妈妈，什么叫有钱

　　我认为所谓"有钱"，是"当你需要的时候，钱就在那儿"；除了问自己"什么叫有钱"，也该问自己"我究竟需要什么"。

　　小女儿在读中学时问我："妈妈，什么叫有钱？"这个问题来得突然，让已经在财富管理界工作 20 多年的我好好思索了"钱是什么""什么才叫有钱"等问题。

　　财富不仅与财经人士的工作密切相关，它也会启发人进行思考，成人的生活绕不开，孩子也无法回避。

　　思索财富的意义时，我常想到《富翁与渔翁》的故事。有一天，大富翁看见渔夫躺在海滩上晒太阳，便责备他说："大好时光，你怎么不多打点鱼呢？"渔夫反问道："打那么多鱼干吗？"富翁说："卖钱啊！"渔夫再反问："赚那么多钱干吗？"富翁说："有了钱，就能像我这样自由、快乐、悠闲地在这片美丽的海滩上散步啊！"渔夫说："我现在不正快快乐乐地躺在沙滩上吗？"那么，我们该做因为忙着奋斗而失去一些时光的富翁，还是知足常乐的渔翁？

🪙 不同的需求

有一次，我应老同学之邀赴台北艺术大学给一群攻读艺术专业的学生上课，谈如何管理财富。我请每位学生回答"财富，对你而言是什么"这个问题。大部分同学的回答不外乎金钱、亲情、健康，其中一位酷酷的电影系学生回答得最有意思，他说："财富，就是'旅人的包'。"这个独特的答案令多数人不解，于是我请他做进一步的解释，他说："旅人的包里面只会放'需要的东西'。"是的，财富的作用就是当你需要它的时候，它就在那儿。这个充满哲理的财富意义令人印象深刻。

研究"激励"时最广泛应用的理论是马斯洛的需求层次理论。马斯洛理论把人们在组织内的 5 类动机需求，由较低层次到较高层次依次分成——生理需求、安全需求、社交需求、尊重需求和自我实现需求，以解释组织内的人格、动机与行为。我认为，用它解释"需要金钱的动机"同样适用。需要金钱的原因，最基础的是满足"生理需求"（有钱吃饭免挨饿、有钱穿衣免受寒），然后是"安全需求"（储蓄金钱以备不时之需）、"社交需求"（有钱广结人脉、有钱人人亲近）、"尊重需求"（富人普遍得到社会的尊重），最后是第 5 层的

"自我实现需求"（有钱可以完成自己的梦想）。

后来有学者、专家补充第 6 层需求，即最高层次的"超越个人或灵性的需求"（将钱投入公益事业来帮助更多的人）。超级富豪公益捐助最知名的莫过于"股神"沃伦·巴菲特与微软创办人比尔·盖茨，巴菲特承诺捐出 99% 的财产，盖茨则表示遗产不留给

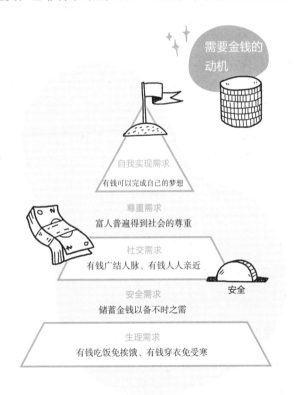

子女，两人联合发布了"赠予誓言"，至今已争取到上百名亿万富豪承诺捐出至少一半的财富，投入公益慈善事业。

🪙 厘清内心的真正渴望

曾经有位银行的理财大户，明明已经是一排店铺的房东，还是对赚钱非常在意、锱铢必较。他的理财顾问起先难以理解这位客户，明明很有钱，怎么还那么爱钱，好像钱永远都不够用似的。后来熟识了才知道，客户自小贫困、生活艰苦，以致他对金钱仍停留在"安全需求"的层次，钱是他安全感的来源，不断赚钱才能让他保持安全感。

新闻里也常有社交界的名媛雅士，用一身名牌包装自己，现身富裕人士的社交场所。这些社会名流真的有钱吗？其实不一定。还记得经典日剧《大和拜金女》女主角松岛菜菜子一身华服参加富二代的联谊餐会后，回到破旧狭窄的小公寓的情景。有些人需要用金钱或物质进行包装，高调显示自己是成功的有钱人，借此得到他人的尊敬，或结交更多有钱人。

钱非万能，没有钱万万不能，然而还是有用钱买不到的东西。金钱可以买到高品质的健康检查，但是买不到疾病一定医治好的承诺；金钱可以买许多礼物送给所爱的人，但是买不到爱人的绝对真心；金钱可以聘请到一流的教师，但是教不出经过实践才能得到的智慧。

金钱不完全等于财富，金钱也不完全等于价值。大家都听过"穷得只剩下钱"这句话，一旦亲人离散、健康不再，光有钱有什么用？所以我认为，有钱就是当你需要的时候，钱就在那儿；除了问自己什么是有钱，也该问问自己究竟需要什么。

理财这件事，绝对是越早开始越有利。从小培养孩子的高财商（FQ），孩子长大成年，才能财务独立自主、不必为钱所困。

"让孩子赢在起跑线"曾是打动父母的成功广告语。赢在起跑线，才能让我们保持领先的态势，在累的时候可以喘口气，增加制胜的信心。父母期待子女的教育不要输在起跑线，于是让他们从小学习各种才艺、参加各科补习，但是过早与过度开发孩子智力，反而加重孩子学习的挫折感，加速扼杀孩子的前途，结果让孩子输在终点线。

虽然"龟兔赛跑"的结局是赢在起跑线的兔子输在终点线，跑得慢的乌龟赢得胜利，但是父母其实还是希望自己的孩子不是故事里的兔子或乌龟，而是"龟兔合体"，不仅赢在起跑线，也要赢在终点线。

理财教育越早开始越好

父母期待孩子一生都被编在"人生胜利组"的心理，究竟是因为天生的憨直父母心、浅薄的好胜虚荣感，还是相信自己遗传了好基因，我们不得而知，但父母过度的期望和要求绝对会给孩子带来压力。

网络上曾流传一则笑话："一名小学生在母亲节打电话到广播电台节目组，希望点歌送给妈妈，主持人问为什么，她说妈妈每天忙着送她到才艺班、补习班，很辛苦。主持人问她想点什么歌，小女孩回答，点《女人何苦为难女人》。"

孩子的教育真的是一场与同龄人比赛的马拉松，为了要赢在终点线，取得最后胜利，必须一开始就赢在起跑线，始终保持领先的地位吗？人生的输赢依据是什么？比谁读的书多、谁的学历高？台湾的"经营之神"王永庆只是小学毕业，在起跑线上就落后了，但若看他的"台塑王国"和人生经历，绝对是赢在终点线。

教育应该是孩子自己与自己的比赛，而不是与别人的比赛。"让孩子赢在起跑线"的意义应该解释为：从小培养孩子的好学精神，随时与自己的惰性斗争，保持领先的意志，活到老学到老，成为学习路上的最终赢家。

同样道理可以运用在孩子学理财上，因为理财的层面很广，牵涉财富的价值观、家庭的资产负债和收支情形、家人使用金钱的习惯等，跟别人比真的没有意义。但是理财这件事，绝对是越早开始越有利，那么父母可以提前为孩子做什么理财的事情或决定呢？

首先，对孩子的理财教育越早开始越好。从小培养孩子的高财商，孩子长大成年，才能财务独立自主、不必为钱所困。父母不需要妄自菲薄，更不能觉得"自己不懂得赚钱也不会投资理财，有什么可以教孩子的"。其实理财并不完全与投资赚钱画等号，生活中的开源节流、管钱花钱、存钱借钱都是理财的一部分。父母在生活中通过言传身教培养孩子正确的理财价值观和花钱习惯，就不用担心孩子长大后面对财务问题时毫无准备、仓皇失措。

善用时间的力量

其次，为孩子准备未来的教育基金，越早开始越好。复利的力量是相当大的，若从孩子一出生就每月投入 5 000 元[①]至年收益率为 5% 的金融产品，当孩子 20 岁时，资产就有 205 万元，而真正投资成本为 120 万元，投资获利 85 万元。当孩子长大需要父母资助学费时，比起突然得筹措一大笔钱，以定期定额的方式从孩子小时候就开始小额专款投资要容易可行多了。

---

① 本书中提及的货币，除特别说明，一般为新台币。

最后，在免税额范围内赠予孩子金钱，越早开始越好。对高资产家庭而言，为了有效节税，最好从孩子小时候就善用父母及家族长辈每人赠予税的免税额，分年将资产转移给孩子，例如银行的存款、股票或房地产，以节省一次性赠予或继承时必须缴付的较高税款，若担心下一代随意动用，可通过信托方式赠予。

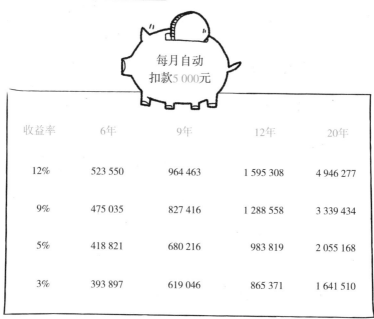

收益率	6年	9年	12年	20年
12%	523 550	964 463	1 595 308	4 946 277
9%	475 035	827 416	1 288 558	3 339 434
5%	418 821	680 216	983 819	2 055 168
3%	393 897	619 046	865 371	1 641 510

为了尽早为孩子理财，以孩子名义在金融机构开户也是越早

越好。孩子取得身份证号后，父母其实就可以帮孩子到金融机构开户了。孩子若还小，不用亲自去金融机构，由父母双方或父母一方或监护人代为办理开户即可，但要记得先由父母双方法定代理人或监护人签好同意书，并带妥金融机构所要求的各种证件。

在 20 岁之前，若因打工等原因而需要开户，孩子可以自行前往办理，除了准备同意书和证件外，要特别注意开户的金融机构与户籍所在地或打工地点的地理位置（避免孩子被诈骗集团利用），办理前最好先向金融机构确认所需证件和手续，以免徒劳而返。

犹太父母这样跟孩子谈钱

在犹太人社会，学校与家庭从孩子小时候起，就通过各种游戏、活动和课程不断提醒和教导正确的理财与投资观念，孩子长大后自然懂得发挥金钱的正向力量。

国际品牌可口可乐和星巴克，引领世界科技创新的谷歌和美国社交平台脸书，牵动全球金融命脉的乔治·索罗斯和本·伯南克，这些知名企业和人物有什么共通点？答案是犹太人。

全球犹太人约有1 320万，其中以色列人有540万，美国人有530万，其余散居世界各地。人口数不过中国台湾的一半，却有许多杰出的科学家、艺术家、政治家、经济学家及商界天才。诺贝尔奖至今已颁给800多人，其中至少有20%是具犹太人血统的以色列人或者以色列移民。

犹太人很会赚钱，这是我们对犹太人的一贯印象。曾有人问："为什么全世界的钱大多在美国人的口袋？而美国人的钱却大多在犹太人的口袋？"犹太人以占世界0.3%的人口比例，赚取世界上

30%的财富，一定有特别的理财方式和教育方式，才能代代传承。闽南话说"生意囝歹生"，意思是要生养出一个能够继承家业、会做生意的小孩可没有那么容易。犹太这古老且具神奇色彩的民族在近 2 000 年的历史中，经过多次迁徙，仍能掌握世界经济命脉，靠的是什么？

为孩子从小打造"商业头脑"

过去，分散各地的犹太人一直被歧视，工作就业受到很大限制，多数人只能从事商业和金融业，特别是高利贷行业。犹太人凭借犹太民族的聪明才智和辛勤努力，很快就聚积大量财富，又因此被当地人妒忌和仇视。犹太人从苦难的历史中，深刻体会到金钱和教育的重要：没有金钱，就没有生存权，也没有工作权，必须通过成功的教育才能够强大整个民族、成就伟大希望。犹太父母是如何对孩子进行理财教育的呢？我们可以归纳出以下 5 个方面。

第一，帮助孩子认识"金钱的力量"。犹太父母以言传身教培养孩子的理财意识，让孩子从小就多接触、认识、了解金钱。家庭和学校把理财视为必备的素养教育，从孩子小时候起，就通过各种游戏、活动和课程不断提醒和教导正确的理财与投资观念，孩子长大后自然懂得发挥金钱的正向力量。

第二，教育孩子了解"赚钱的意义"。赚钱是天职，金钱必须凭自己能力赚取，犹太孩子无论年龄大小，要想得到零用钱就必须分摊家务，且一律同工同酬。赚钱只有合法与否，没有贵贱之分。犹太孩子自幼被要求独立奋斗，当财富的主人，不做金钱的奴隶，也不以功利角度去看待金钱。犹太父母会让孩子了解，让他人心安理得地接受你的付出（生产商品或提供劳务），而你要求报酬是他人对你的一种尊重，因此我们付钱购买某样商品，让商家赚钱，是尊重商家提供你所需商品的辛苦付出。

第三，打造孩子的"商业头脑"。犹太父母教孩子，赚钱没那么容易，必须先思考自己能为别人做什么，为什么别人要向你买东西、付钱请你提供服务。犹太商人赚钱向来强调"以智取胜"，用脑去赚钱，能赚到钱的智慧才是真智慧。有时，商机就藏在细节里，就在你不要的东西里，甚至垃圾可能变黄金。犹太人做生意讲究服务周到，让客户想到服务，就第一个想到自己。除了动脑筋想赚钱的方法，也要能精打细算，省钱、存钱，更要懂得如何借钱来赚钱，并坚守不做亏本生意的底线。

第四，强调做人要守信用。做生意要重承诺，教导孩子重视合约精神，诚信为财富之本。犹太父母要求孩子身体力行，从小建立守时意识，不迟到、不拖延，时间就是金钱，浪费一分钟，就可能失去一个良机。教育孩子只说实话，不说大话；做生意要和气，万一有纠纷要控制脾气，人生来平等，懂得和气谦让才能赢得爱与尊敬。

第五，教导孩子"施与受"。犹太父母除了让孩子知道钱是怎么来的之外，更教导孩子懂得为社会付出、懂得助人，因为善待他人就是善待自己；助人时要考虑对方的尊严，给予真正的协助。犹太父母从民族历史中懂得"宽容，才能拥有真正的快乐"，因此让孩子学会宽容、学会体谅，懂得失去的财物可以再赚，但逝去的生命无法回来。犹太父母认为，子女成年后还在用父母的钱是羞耻的，未培养孩子具备财务独立的能力，只给孩子鱼吃却没教孩子怎么钓鱼，是不负责任的。

有人曾说，世界上最懂得赚钱的两种人，是犹太人和中国人，然而犹太人更懂得培养孩子的财商。金钱如何成为友善的力量？智慧如何变成真正的财富？中国父母不妨参考犹太父母的做法。

零用钱该怎么给

教孩子管理零用钱，是父母教孩子理财的第一课！

"妈妈，我可以向你要零用钱吗？"孩子在进入小学后，就渐渐需要零用钱了。随着年龄的增长，孩子需要花钱的机会变多，开始向父母要零用钱。父母在孩子要零用钱时，要解决的第一个问题是"是否需要给孩子零用钱"，第二个问题则是"要给多少零用钱"。

就"需不需要给"这个问题而言，当孩子的金钱需求可以由大人支付满足时，孩子手上就不需要有钱，给零用钱只会徒增孩子管理的麻烦和风险。当孩子渐渐长大，上学乘车、买书籍文具、吃饭等必须自己支付时，父母就该给零用钱。

根据我个人的经验，孩子懂得辨别金钱的时候，也是上小学的年纪，这时父母刚好可以让孩子学习保管和使用金钱。记得在我的女儿上小学一年级时，我开始每周给她 50 元的零用钱，并叫她准备一个小零钱袋，将钱装起来慎重保管。50元对大人来说是小钱，但对孩子而言，足够买到一件喜爱的文具。而孩子在心里也开始评价金钱如何满足个人的欲望和需求。"学会使用金钱"是亲子理财很重要的环节，即使是一点点零用钱，父母也应重视。

第二个问题是"要给多少零用钱"，虽然这个问题不好公开讨论，但我相信很多父母都想知道别的家庭如何给。我认为这个问题没有标准答案，要以各家孩子的年龄、家庭收支状况及习惯而定。我的女儿上中学后开始外出补习，需要多带零用钱。我们家的做法是让孩子把需求列出来，例如交通费（坐公交车、地铁等）、饮食费（订外卖、购买零食等）、用品费（购买文具、运动用品等），把单次金额和次数列出来计算后，便能得出需要的零用钱金额，父母依照计算结果来给零用钱。

让孩子拥有使用金钱的权利和经验

如果家庭经济情况允许，我建议在固定零用钱之外，增加一笔可以让孩子自由支配的款项，金额不需大，主要是让孩子能拥有自己使用金钱的权利和经验。孩子也许想买一本早就看中的漫画书，那就可以先把这笔能自由支配的零用钱存起来，慢慢积攒，而在这个过程中，孩子会间接养成储蓄的好习惯。

给零用钱后，父母应该要求孩子记账。孩子可以准备小本子、电子文档或手机 App，将零用钱的使用一一记录下来，包括项目、金额、结余金额等。这样，父母和孩子以后在进行零用钱预算讨论时，将能更准确。若孩子懒得记账或不想让父母知道零用钱花到哪里，父母不妨将记账这件事列为重要绩效指标（Key Performance Indicator，缩写为 KPI），作为调整未来零用钱金额的参考。

女儿 16 岁进入高中时，我和她慎重讨论过零用钱的问题。16 岁已经可以自己支配金钱，于是除了讨论零用钱金额，我们也谈到如何给零用钱：逐月现金支付，还是为她在银行开户，将一学期的零用钱整笔存入。她想了一下，告诉我要开户。于是我带她到银行，以她的名字开了存款户头，帮她办理了储蓄卡，然后将一学期的零用钱存入。

当我跟银行的同事谈起此事时，他们觉得我给孩子的钱太多了，太危险了。万一孩子把该吃饭用的钱，拿去玩游戏、买东西，怎么办？我心里想的是：如果孩子不懂得管理金钱，形成依赖，变成一辈子的"妈宝"，怎么办？孩子从管理金钱中获得经验，并且在预算有限的前提下，懂得如何安排使用金钱的先后顺序，分辨"想要"和"需要"的不同，这会成为孩子今后进行理财决策的重要经验。

曾有小学的学生家长和我说道："班上的老师不允许学生带钱

去学校。"原因是学校曾发生过钱财失窃的事和霸凌事件，老师难以管理，于是干脆禁止学生带钱到学校。孩子应不应该带钱去学校，要视其必要性，若真有带钱的必要，学校就不应该因为难以管理而禁止。父母有责任教孩子如何管理金钱，包括如何使用、如何保管。即使老师不让学生带钱去学校，也不进行理财教育，父母在家仍要适时教孩子，出门在外如何保管及使用金钱，避免被偷或被骗。

钞票，印了就有吗

多印一点钞票，我们享有的物质财富并不会跟着增加。想要提高经济待遇，必须靠能使生产力提高的科技发明和制度创新。

当年我在银行筹办"小富翁理财营"的时候，孩子们最喜欢的课程就是数钞票。我们用训练银行新员工的假钞票（为了模拟真实钞票，厚薄、花色和真钞票很像），教孩子们如何展钞，即用手将钞票如孔雀开屏般展开。一位小学的孩子边玩假钞票，边问老师："如果我们没有钱，印钞票不就有了吗？"

中高年级的孩子当然懂得钞票不能乱印，印制假钞是明显的犯法行为，但是电视新闻里会出现这样的标题："美国的量化宽松政策才退场，日欧抢印钞票。"孩子提出的有关印钞票的问题，爸爸妈妈恐怕也很难回答得出来。

认识调控货币的三大工具

钞票是国家或地区的法定货币，个人私下印钞票是犯法的，而且印钞票需要复杂的印刷和防伪技术，只有国家或地区的货币主管部门才有印钞票的权力和能力。钞票该印多少，也不是随便定的。主管部门必须使用严谨精密的计算公式，考量境内黄金存量、外汇存底比例、实际 GDP（国内生产总值）的增长前景、通货膨胀率等，才能决定钞票印制的数量。事实上，要想"生"出钱，不一定是靠"印"的，可以通过存款准备金率、重贴现率及公开市场操作等 3 个货币政策工具，来调控货币的数量及货币的价格（利率）。

国家或地区之所以花很多精力计算该印多少钞票，是因为担心会出现后期问题。多印了钞票，就可能出现通货膨胀。原因在于，当大家手上的钞票变多时，市场上商品的数量仍然有限，钱虽然变多，但是人们担心买不到商品，就宁愿用更多的钞票买商品，于是推动了商品的价格上涨，这就是通货膨胀。这时，钱变得不值钱，即货币贬值了。当一个国家或地区的货币比其他国家或地区的货币不值钱时，一旦要向其他国家或地区买入需要的资源或商品，就必须花更多的本地钞票。

以前，我去越南出差或旅行回来，喜欢拿早餐收据向同事炫耀："我花了 75 000 元吃早餐呢！"其实真正花的钱还不到 100 元新台币。越南在 1986 年开始经济改革，也曾跃升为"亚洲四小虎"

之一，但发展太快，出现了通货膨胀，很让政府头疼。而全世界最夸张的通货膨胀发生在非洲的辛巴威，该国的通货膨胀率曾于2008年飙升至百分之五千亿。贬值最严重时，3.5万兆辛巴威币才能兑换1美元，当时的物价每天至少调高两次，辛巴威币沦为废纸，多数辛巴威人干脆把旧钞票烧掉或丢掉。

经济待遇无关钞票多少

多印一点钞票，我们享有的物质财富并不会跟着增加。想要提高经济待遇，必须靠能使生产力提高的科技发明和制度创新。多印钞票或多发货币，其实在鼓励或督促钞票的持有者尽快消费，让货币流通到生产者手中，促进市场上的财货供给、投资建设，以进行改善或创新。

量化宽松政策不错，美、日及欧洲等国家和地区陆续实施，但是大量印钞后，却未如预期那样将经济引入正发展的循环，反而拉大了贫富差距。由于过多的钞票集中到了某些特定的资产领域，例如股市和房市，已实施量化宽松政策的国家和地区无论是股市还是房市，都因热钱涌入而濒临泡沫破裂的边缘。

"印钞票"真是令人伤脑筋的难题，连很多获得诺贝尔奖的大经济学家都不见得能"对症下药"，各国家和地区应该在这方面多下功夫。

同学向孩子借钱，你该怎么办

　　借钱不是坏事，也不是不能说的秘密。通过女儿同学借钱的事，我让女儿懂得借钱的道理，降低她未来因借钱而当"冤大头"的概率。

　　记得女儿上小学二年级时，班上同学向女儿借钱，因为同学想买小仓鼠，可是她妈妈不准。我问女儿有没有钱借给她，女儿说没有。我问女儿："如果你有钱，你想借给她吗？"女儿想了想，说："不知道。"

　　我没有轻视女儿同学借钱这件事，这其实是人生大事的小缩影。在银行工作了这么久，我们金融从业人员都说得出一番有关贷款审批的大道理，但如果是发生在孩子之间的借贷行为呢？我们是否应抓住机会让孩子懂得借贷的道理，使他们长大后对更大的借贷问题能从容面对呢？

检视借贷关系的好方法

贷款审批的大道理是 5 个 P：第一个 P 是 people（借钱的人），也就是借钱给谁。我们先看对象，不认识的人、没有关系的人、不怀好意的人等，通常不要借。女儿认识且熟悉这位同学，能判断同学讲的是不是真话，做人有没有信用。

第二个 P 是 purpose（借钱目的），即为什么借钱。借钱一定有理由，理由若说不清楚，借出去的钱就可能收不回来。女儿同学的借钱目的是买可爱的小仓鼠，目的清楚。但女儿同学若真的借到钱买了仓鼠，在家里养一定会让她的妈妈发现，这个衍生出来的问题，女儿没有考虑到。

第三个 P 是 payment（还款来源），也就是借了钱是否有还钱的能力。一般成年人向银行贷款，无论有没有房屋或其他资产做担保，银行都要确认贷款人是否在工作或是否有其他固定收入来源，这么做就是为了确认借款人有足够的还款来源，不会还不了钱。女儿同学打算用什么来还钱呢？是用平常的零用钱，还是等过年拿到压岁钱后再还呢？女儿应该问清楚。

第四个 P 是 protection（债权担保），即还款保障。银行会向借款人要求提供担保品（例如房子或土地所有权）或担保人，有了担保之后才会借钱。女儿若借钱给同学，应该拿不到担保品，难道她的同学要把小仓鼠抵押在我们家，万一还不了钱就把小仓鼠给女儿？

这样是否解决了同学在家里养小仓鼠，会被妈妈发现的问题？

第五个 P 是 prospective（未来展望），也就是借钱所产生的收益。这和借钱目的相呼应，借的钱若能有更大的收益，银行确保债权得以回收，就更愿意借钱。女儿若借钱给同学买小仓鼠，除了逗乐玩耍外，能期待小仓鼠将来生一窝小仓鼠，再拿去卖钱吗？

这个借钱的小事件最后不了了之，我跟女儿同学的妈妈提了一下，让她关注孩子的借钱行为。我也利用这个事件给女儿讲了借钱的道理，以及日后需要跟人借钱时，对方会怎么想。

让孩子学写借据

借钱不是坏事，也不是不能说的秘密。有借贷，金钱才能流通，市场经济才能运行。银行和某些以借贷为主业的金融机构都要依靠严格审慎的信用审批程序，确保借出去的本金和约定好的利息能如期收回，才不会"吃呆账[①]"。

父母不能因为孩子年纪小，就觉得他们没有借钱的需要或没有必要了解借钱的道理。碰到"同学借钱"的事件，父母应该好好面对和处理，更要清楚借钱的行为是否与校园霸凌有关，若有单纯借

① 呆账，又称坏账、呆坏账，较文雅的说法为不良债权，是应收账款中无法收回的部分。

钱以外的状况，应尽快向学校反映。

大人间的借贷行为，专家提醒了几点：借钱要量力而为，切勿贪图利息，要与借款人签订借据（最好去公证）并取得本票及担保品。有人问过我，孩子若真有借贷行为，金额也不会太大，需要签订借据吗？我建议让孩子练习写借据。不只是金钱，孩子之间有时会借物品，例如较贵重的游戏机，教孩子写金钱或物品的借据，是亲子间有意义的理财教育。

借据内容应该涵盖什么呢？重点是要写清楚借款（物）的项目和数额、借出和归还的日期、利息或租金的计算方式、逾期未还的法律后果，还要写清楚债权人和债务人的准确姓名和身份证号及户籍地址，最后要由债权人和债务人双方亲自签字盖章，并写明签订借据的日期。

据统计，"欠钱不还该怎么办？"是律师最常被问到的3个问题之一。孩子小时候就有借钱、还钱的经验和相关常识，将来因借钱当"冤大头"的概率应该会降低。

信用值多少钱

年轻人往往不了解金钱世界里个人信用的可贵和重要性，父母应该言传身教，督促孩子好好保护自己在金钱往来上的信用记录。

孔子在《论语》中说："言而无信，不知其可也。"指的是，一个人如果没有信用，不知道他以后能做什么。《伊索寓言》也有《狼来了》的知名故事，它告诉我们放羊的孩子谎话说多了，下场是被狼吃掉。

先贤的训示、古老的故事，都是为了告诉我们，信用的重要性。

生活中的很多小事都能体现一个人是否守信，比如准时赴约、答应的事一定办到。亲子之间也要守信，例如妈妈答应孩子，若守规矩就买礼物奖励，当孩子做到了，妈妈也绝不能食言。

做过必留下信用记录

人们常说"有借有还，再借不难"，在金钱往来上，信用很重要。我们日常进行支付用的卡为何叫"信用卡"？凭借持卡人的良好信用，这张卡才提供了"先享受后付款"的优惠，持卡人才能用这张卡向银行先借现金使用或刷卡消费，不用立刻偿还。银行有"个人信用贷款"这类金融产品。但只有贷款人有良好的信用记录，银行才肯借钱。当然，银行也一定会先查证贷款人的信用状况。

银行在发信用卡或审核信用贷款时，如何了解申请人的信用记录呢？台湾主要依据联征中心所提供的资料。该中心是台湾唯一跨金融机构的信用报告机构，它同时搜集个人与企业的信用报告，给出个人与企业的信用评分，并建有信用资料库供查询。企业或个人若在银行曾有违约情况，例如支票因账户存款不足被退回、房屋贷款逾期未缴等，该中心都有记录。企业或个人未来向任何金融机构办理贷款或有关信用的项目，联征中心的报告都是最基本的审核依据。

联征中心的信用资料，汇整了各金融机构按规定报送的资料。如果信用资料有误报、未报，或经法院判决确定有需要更正的情形，当事人可以向原来报送的金融机构反映，请其通知联征中心改正或完善。当事人也可以直接向联征中心反映，要求改正或完善。

若有违约记录，或因为误会、疏忽造成信用瑕疵，任何个人或企业是否都可以向联征中心申请查阅资料呢？当然不可以。因为现在台湾有隐私权的相关规定，所以信用资料的申请人仅限当事人自己（或委托亲友）及联征中心的会员金融机构，例如银行。在取得当事人书面同意或与当事人有契约或类似契约关系（例如申办贷款）后，金融机构才可以向联征中心申请查询当事人的信用资料。这些资料仅限会员金融机构内部使用，不能对外公开或交给外人。

若其他人（例如生意往来对象和债权人）或有调查信用需要的企业部门（例如面试新人的企业人力部门）想要了解当事人的信用状况，则需要在本人同意下，由本人自行申请查阅个人的信用资料。为了保护当事人的权益，联征中心会规定银行查询当事人信用资料的时间，期限过后就不会再提供。

信用建立不易，务必小心维护

金钱往来上的信用非常重要，不仅直接影响到金钱的借贷，甚至影响求职面试等其他方面。我在工作中面试过许多新人，就曾经历过面试者表现良好，但联征中心的报告上有不良的信用记录的情形。此时如何求证和选择，又是另一番考量了。

年轻人往往不了解金钱世界里个人信用的可贵和重要性，有时不小心忘了还信用卡账款，一毕业又忘了偿还助学贷款，或者讲义气替人做担保，结果借款人跑路……诸如此类的事件都会影响自己的信用，留下不好记录后再想挽回，真比登天还难啊！

信用值多少钱？信用无价！父母不仅要教孩子言而有信，更该言传身教，督促孩子好好保护自己在金钱往来上的信用记录。

生活里的经济学

人类的欲望无穷，但资源有限，而经济学是一门能帮助人们做抉择的好学问。

正值青春期的女儿有一次和我逛街，我给她买了一件她喜欢的衣服，但一到家，女儿不高兴地跟我说："妈，你刚才很丢脸呢！"我有些不解。女儿继续说道："你跟人家还什么价啊？"

生活里教授"经济学供需原理"的机会来临了。我跟女儿说明，讨价还价是在合情合理的情境下，买卖双方寻找合理供需价格的过程，没有丢不丢脸的问题。若我还的价格低过老板娘的底线，老板娘一定不肯卖，如果我不还价，白白让老板娘赚得笑不拢嘴，岂不是糊涂？通过讨价还价，买卖双方达成供需的均衡价格，成功完成商品交易，有什么不对呢？

经济学可以齐家也能治国

我大学念的是经济学专业，从大一修读"经济学原理"开始，一直被数学公式所困扰，讲义试卷也充斥着证明题，经济学于我似是一堆看不懂的符号及公式。我多次怀疑自己的读书动机，难以理解这些与真实世界里的经济问题（如贫富不均、股市暴跌等）有何关联，老师挂在嘴边的经世济民的崇高理想，难道就是逻辑推理和数学演算吗？

直到以不算太差的成绩毕业以后，我才体会到经济学的一些基本观念在生活里还挺实用的。

经济学的英文"economics"来源于古希腊，当时的解释为"持家之道"，即对自身日常事务的处理和资源的管理，具有管理、行政、安排、税收等意思。经济学到底指什么？一般经济学家对其的定义为"经济学是一种'选择'的社会科学或'选择'的艺术，研究如何分配稀缺性资源来满足互竞的欲望"。直白一点的说法是："人类的欲望无穷，但资源有限，在这个条件下，如何做出相对较佳的决定、安排有限的资源，在经济学中都有解决的办法。"

经济学可以被用于诺贝尔奖得主研究的国际贸易壁垒、国家经济制裁、政府外汇管制等问题，也可以被用于服装店老板娘和我讨价还价的过程。如果经济学能帮助人们做抉择，我们是不是应该从小学起呢？

🪙 搞定生活中的大小事

据我观察，教科书里的经济学可以作为学术架构的基础，但对家长来说，生活中的经济行为观察和经验更实用。

父母即使没有学过经济学，也能找到传达经济学概念的基本素材，在生活中充分运用。随着科普读物的流行，我在书店就看过许多精彩有趣的经济学书，像《苹果橘子经济学》《巷子口经济学》《餐桌上的经济学》等，这些书通过生活中随手可得的例子来解释说明经济学艰涩难懂的理论，读完常令人有恍然大悟之感。我不禁叹道："原来我也可以当经济学家！"

经济学的基本概念中，与生活最相关、最有利于抉择的概念，应该是"机会成本"（opportunity cost）。机会成本是指当面临多方案要做决策时，被舍弃的选项中的最高价值就是本次决策的机会成本。我们常用"鱼与熊掌不可兼得"来形容做决定时面临的取舍，即点出了机会成本的意义——得到鱼的机会成本就是失去的熊掌。

有一次，我们银行的一个同事好不容易休假，可以带孩子出镜旅游，她兴高采烈地跟旅行社定好行程，回家告诉孩子们，可读小学的大儿子哭丧着脸说："妈，你忘了我已买好我最期待的球赛的门票了吗？就在出行那天！"（天哪，"鱼与熊掌"剧场开始上演！）儿子若选择出游，则其总成本除了旅游费用（外显成本）外，还要加上球赛的门票费用及为了参加球赛而准备的服装和各种加油道具的费用（机会成本），而孩子期待已久看球星的梦想破灭，是无法用金钱计算的机会成本，算是另类的精神损失费。

　　了解机会成本的概念并运用在生活中，我们就能在计算出各种选项的外显成本和机会成本后，想办法降低成本，并选择其中最有利的方案。同事的儿子最后还是选择跟妈妈出游，把球赛门票卖给了同学（这是为了降低机会成本，也许最后还"小赚"了）且在旅途中再三提醒妈妈："以后出游要避开我喜欢的球赛啊！"

　　为什么一些节假日高速公路会不收费？为什么星巴克咖啡会买一送一？这些在生活中发生的事，都是经济行为，都可以用经济学概念来解释说明。经济学就在我们的生活中，等待父母和孩子一起发现、探索和学习。

广告世界辨真假

　　家长要懂得辨别信息的真伪，避免落入广告的陷阱，平时要适当陪孩子看广告，把握和孩子沟通的机会，辨别广告信息。

　　许多父母都有一忙就把孩子放在电视机前，让电视机当"保姆"的时候。孩子一看到喜欢的动画片或儿童节目，都会乖乖坐在电视机前，殊不知，"电视保姆"其实暗藏心机，广告正是"电视保姆"影响孩子内心的工具。

　　随着台湾少子化趋势的发展，加上家长宠溺孩子的心理，儿童经济营销潜力惊人，儿童提早成为广告营销的目标群体，各类商家针对儿童投入的广告费逐年增加，像玩具商就特别懂得利用动画片来推广儿童玩具，并投入大笔预算。

　　孩子在成长过程中，到底从这些商业广告中看到了什么？广告又会对孩子的价值观有什么影响呢？

👛 宣传手法夸张，儿童难辨别

广告是生产商与消费者之间的桥梁，是企业获得顾客、赢得市场的重要手段。生产商通过广告，将商品和服务展现给消费者，吸引他们的注意力，唤起购买欲望或塑造品牌的良好形象。此外，广告也有比较功能，广告中对商品的介绍、与竞品的比较，使消费者节省了大量查询资料、寻找需求解决方案的时间。广告产业的兴盛与否，与消费经济有极大的相关性。

生产商花钱制作广告并购买播放时段，是为了吸引孩子的目光，通常以快速的数字特效剪辑的方式来传播广告信息，传达方式多半简单直接、带有夸大成分。成人或年龄较大的孩子很容易辨别这是广告的效果，年龄较小的孩子却难以分辨，容易信以为真，产生购买欲，并向家长提出要求。

同时，广告通过孩子喜欢的明星、偶像或卡通人物为商品代言，容易使孩子对品牌产生迷恋。广告试图让孩子对广告代言人的喜爱转移至所促销的商品上，这会影响孩子日后理性消费的能力。

广告信息有"看得见"和"看不见"的差别。看不见的广告是置入性营销，只要生产商愿意赞助，就能将商品或品牌信息暗藏于动画片、戏剧、节目中，甚至要求编写剧本时就将商品巧妙融入剧情脚本中。消费者在观看时，信息无声无息地进入他们的脑海，加深了对产品的印象。

🪙 引导孩子辨别广告信息

置入性营销最让人称道的例子是韩剧《来自星星的你》，由于该剧爆红，无论是炸鸡配啤酒，还是笔记本电脑、珠宝、服饰等，都不着痕迹地达到了广告效果。

如果连大人都无法辨别广告信息的真伪与好坏，无法意识到广告的存在，孩子对广告的"免疫系统"又尚未形成，大人该如何帮孩子打预防针、接种"广告疫苗"，躲掉不良的广告影响呢？

从大环境看，已有相关规定防止孩子受广告传播的侵害，如台湾地区与广告相关的规定有："电视广告内容不得妨害儿童或青少年的身心健康。"与消费者保护相关的规定有："企业经营者应确保广告内容之真实，其对消费者所负之义务不得低于广告之内容。"所以，生产商和媒体经营者不论任何形式的广告行为，或者在任何媒体上投放广告，都必须严格遵守规定。家长若看到违规的广告，应勇敢举报投诉。台湾青木瓜饮品广告就曾因传播"胸大就是美"的观念，遭到多个团体批评，指责其向儿童传递错误信息和价值观，被要求立即下架及依法履责。

从父母的角度来看，除了要懂得辨别广告信息的真伪，避免落入广告的陷阱（不少营销儿童商品的广告是针对掌握预算的家长设计的，往往利用了父母"望子成龙""孩子不能输在起跑线"的心理），平时要适当陪孩子看广告，把握和孩子沟通的机会，鼓励孩子谈对广告的看法并从中衍生出期望，教他们以理性的方式辨别广告信息。

妈妈，我要当明星

孩子迷恋偶像的行为，是成长阶段的自然现象，父母不妨多点耐心、多开导，过了某个年龄段自然会消失。

小女儿中学时疯狂迷上了综艺节目《我爱黑涩会》，这个以明星养成为目标的节目非常受欢迎，招募了许多少女参加节目演出。

每到播出时间，小女儿一定会守候在电视机前，看着我认为颇为"无厘头"甚至无聊的对话与表演。迷恋偶像的行为包括搜集、购买各种与节目相关的出版物或商品，热情参加粉丝见面会等，而最让我担心的是，小女儿很认真地向家人宣告："以后我要当明星！"

她不是开玩笑，很长一段时间，她不断表明想当明星的志向，我和她念高中的姐姐委婉且耐心地分析当明星的利弊得失、成为明星所需要的努力和牺牲等，正值叛逆期的她当然听不进去，仍然认真规划她的明星计划。

我想起小学六年级时，同学剪报纸整理了一本厚厚的"凤飞飞专辑"，每天边翻边傻笑；我也想起年近六旬的干姐自韩剧《冬季恋歌》播出后就成为男主角的忠实粉丝，每年定时去韩国参加其全球粉丝后援大会。

崇拜偶像虽然不分年龄、不分时代，但在心理学上，青少年的情感会超越身边的人，他们开始关注那些离自己生活环境较远的对象。青少年会忽然喜欢上某个偶像，不限于明星，也可能是运动员、作家、社会名人；青少年也可能忽然喜欢上某部电影、某个电视节目（像我女儿迷上《我爱黑涩会》）。心理学家形容，追星就像青春痘，没必要在意，更不必去"挤"，它是某个年龄段的心理表现，过了这个年龄段自然会消失，顺其自然就好。

虽说应该顺其自然地看待孩子的追星行为，父母还是担心过程中带来的不良影响。首先，价值观扭曲。孩子会把在舞台上光鲜亮丽的帅哥或美女当成模仿对象，幻想有朝一日自己跟偶像一样受欢迎，只重视外在表现而忽略了内在涵养。其次，金钱观错误。新闻报道里的明星总是穿戴名牌、开好车、住豪宅，男明星都是"高富帅"，女明星都是"白富美"，仿佛从来都不用为赚钱而打拼。

引导孩子理解明星背后的付出

大人应该了解演员出名不容易、付出的代价也很大，认真苦练舞技的一位巨星曾感叹："不一定每个人都是天才，但若挥洒足够的汗水，每个人都可以让自己变成令人尊敬的'地才'。"明星的真实生活有可能比一般人的还糟糕，虽然在舞台上镁光灯前受到大众高度的关注，在日常生活中却要忍受个人隐私被剥夺的现实。一位知名华语歌手被狗仔队"骚扰"，不胜其扰，就曾创作歌词"回敬"他们。

媒体常报道明星的片酬上千万、一场演唱会就有百万入账，好像有了明星光环就可以金银财宝享用不尽，可是又有谁看到明星在成名前过着什么样的苦日子呢？成名后的丰厚收入经过经纪公司抽佣，除去团队运营费用后，有多少真正进了明星自己的口袋？更不幸的是，明星的收入不定，今年接的广告代言，明年不一定续约。明星的职业寿命通常较短，歌星比比皆是，即使一时爆红，收入猛涨，也无法保证这样的优渥待遇能持续很久。

我想起多年前的一则影视新闻：某歌手因主持的节目和演唱的歌曲受欢迎，收入颇丰，于是购置了好几栋房产供家人居住或出租赚租金，付了不少首付款后开始还房贷，然而他的演艺生涯突然开始走下坡路，节目被停，演唱合约告终，收入无法再支付巨额的房贷，只好赔本卖掉房子。明星常常会高估自己的赚钱能力，或因缺乏知识、经验做出不恰当的投资决策。常有明星开餐厅，可是真正经营持久稳健的有多少呢？甚至有明星因高收入成为亲友的"人肉提款机"。为了理想而奋发努力成为明星，理财绝对是其中的重要一课。

女儿终究如专家所言，她的"追星症状"就像青春痘一样，时间长了就渐渐消失了。随着考高中、大学，她把对明星的兴趣转移到动漫的角色扮演（cosplay）上，满足了另类"偶像瘾"。

面对孩子迷恋偶像的行为，父母不妨多点耐心，找机会多开导孩子。若孩子真有演艺天分，也肯奋发学习，努力成为真正有才华、有内涵的艺人，家人的支持鼓励会是很重要的驱动力，父母有朝一日也许真能成为人人称羡的"星爸""星妈"。

全职妈妈的爱无价

洗衣做饭、打扫卫生、出门购物、照顾小孩、侍奉长辈等家庭事务，并非没有市场价值，而是有家人默默地做了。

日本连续剧《月薪娇妻》在台湾非常受欢迎，引起了热烈讨论。在日本传统的"男主外女主内"的社会里，家庭主妇的天职就是负责做家务，此剧的女主角竟然开始计算家庭主妇的工作报酬，简直不可思议！

女主角从临床心理学研究所毕业后，求职不顺、接连碰壁，只能通过父亲的介绍到IT（信息技术）工程师津崎平匡家做保姆。津崎是一个认真工作的上班族，自称"单身达人"，不想结婚也没有恋爱经验，平时不轻易流露自己的真感情。在家人逼婚的压力下，两人决定以"契约结婚"的方式"同居"，表面上是夫妇，其实是雇主与雇员的关系。但在女主角坦率真诚的态度之下，两人感情开始升温，最后决定假戏真做，长相厮守。但是，说好的家务薪资怎么办呢？

 家务的隐性成本不容忽视

在台湾，女性的家庭地位比较高，也有不少双薪家庭，但是由男性负责赚钱养家、女性负责省钱管家的家庭还是占多数。

《月薪娇妻》反映了女性操持家务的隐性成本，洗衣做饭、打扫卫生、出门购物、照顾小孩、侍奉长辈等家庭事务如果没有人来做，从外面雇人，就必须付钱，这些应该付给外人的有形成本就是家庭主妇的机会成本。大多数家庭能省下这些成本，是因为家里有不用付钱的主妇做了这些工作，而非这些工作没有市场价值。

若把家庭当公司来看，我们可以试着把家庭收支编成财务报表的损益表来检视一下：家庭的收入来自薪水、投资股票的收益、银行存款利息、出租房屋得到的房租等，家庭的支出则包括家人衣食住行娱乐各方面的花费、房屋贷款本息、各项税费等。家庭的收入，除非有藏起来看不见的私房钱，否则都是可以计算的。但是家庭的支出，虽然大部分项目可以计算，可"劳务人工"无法清楚标示价格，因为这些工作大多由家人自行来做，价值被隐藏或被低估。

公司想要财务健全，必须开源节流，也就是设法增加收入、节省支出，用盈余支持公司发展。家庭的财务也类似，开辟财源的方法是增加薪水收入、提高资产收益、强化理财投资等；节流的方法是节省家庭开销、少花钱，或者运用现有的资源取代。家庭收支结余下来的钱，可以用来保障或改善家人生活品质、增加家庭资产、留给子孙后代等。

亲情无价，感谢家人的付出

要注意的是，有些家庭状况的应对决策会影响收入或支出。例如，夫妻两人都工作的双薪家庭，生了孩子后，夫妻可以考虑请长辈或亲戚来协助，以节省费用；婴幼儿照顾的资源不见得家家都有，所以可以选择聘用保姆，但费用不低；或者夫妻其中一人留职停薪或辞职专心照顾孩子，但会影响家庭的收入。

前两种方法影响支出，相对不会影响收入。若夫妻原本有固定薪水，却因家庭需求而放弃，就影响了收入来源。虽然看似省下每月两三万元的保姆钱，若自己原本的薪水多于 3 万元，财务上就不划算[1]。

然而亲情无价，长辈在家照顾孩子，对孩子的影响和由保姆照顾的相比是不同的，两者无法相互比较。因此，即使财务分析上是请保姆比较划算，父母还是要多方考量，毕竟家庭不是公司，难以

---

[1]　在台湾只需白天到雇主家照顾孩子的到家保姆，月薪为 21 000 元至 30 000 元，若需保姆住在雇主家里，月薪则从 30 000 元起。

仅从理性层面来决定。家中会有许多无法用金钱衡量的资产，如兄友弟恭、父慈子孝等传统家庭文化就像现在提倡幸福企业的企业文化一样，隐含着无形的价值，让人们生活得更快乐、关系更紧密。

日剧《月薪娇妻》的结局没有给出答案，因为即使家务可以换算成具体金额，亲情爱情却是很难计价的，所以此剧引发了热烈讨论，除了提醒有大男子主义的丈夫重视妻子操持家务的辛劳及隐性成本之外，更提醒我们，家人因可贵情感所做出的无私奉献，是无法用金钱计算的。

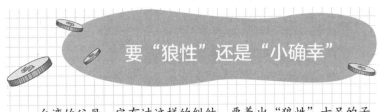

要"狼性"还是"小确幸"

台湾的父母一定有过这样的纠结：要养出"狼性"十足的子女还是鼓励孩子寻找"小确幸"、淡泊名利？

银行老同事退休后赴大陆讲学，强烈感受到大陆年轻人求取知识的积极态度。她形容："这些年轻人问起问题像吃不饱似的。"不仅求知，建立人脉也同样积极，下课后他们经常主动围着老师要求交换微信，这让同事既钦佩又感慨。

是否这就是"狼性"？狼具有四大特点：野、残、贪、暴。"野"指不要命地拼搏，"残"指毫不留情地克服困难，"贪"指无止境地探索学习，"暴"指面对难关不仁慈。大陆年轻人担心自己在激烈的竞争中被淘汰，不甘成为待宰羔羊，为求生存而奋斗拼搏。

企业巨头阿里巴巴、腾讯、华为等都曾大力奉行"狼性文化"，成为其他企业学习的榜样。

对比大陆年轻人积极进取的态度，台湾地区年轻人安于现状的表现，使许多人叹息。

"小确幸"一词源自日本作家村上春树，意思为微小而确定的幸福。台湾的贫富差距大，薪资低，加上物价、房价飙涨，年轻人只能通过简单的消费来追求微小而确定的幸福，"小确幸"因此成为某种生活风格的代名词。但是反过来想，"小确幸"是否是台湾多元价值的表现：年轻人不以赚大钱、拼第一为最高价值，而选择适合自我的工作和生活方式？

我的孩子均已成年，成长过程中，我认为她们一直是"小确幸"的实践者，熬夜读书准备大考后纵容自己大吃一顿，跑完马拉松领奖后与好姐妹相约逛夜市……女儿说："伟大志向不用挂在嘴边，做就是了。""小确幸"的确是她们在成长过程中，当面对经济现状和前途未知时，一个方便放在身边的"护身符"。

让"狼性"和"小确幸"和平共存

电影《侏罗纪公园》有一句经典台词是"Life will find it's way out"（生活总会找到出路），我想大陆和台湾的青年自会在所处的环境中寻得最佳出路。

台湾的父母一定有过这样的纠结：要养出"狼性"十足的子女还是鼓励孩子寻找"小确幸"、淡泊名利？村上春树写道："想要在日常生活当中找到自己的'小确幸'，需要一些必须遵守的个人规范存在。"可见，村上春树心目中的"小确幸"，其实是对应着自律要求的。

　　随着交流的日渐频繁，"狼性"或"小确幸"成为年轻人生活和工作的两个频道。随着外在的环境与内在的驱动变化，两个频道之间自然而然会切换，大人们不用太担心。

第二章
怎么教孩子用钱

在低利率、低薪水、高通货膨胀时代，
缺乏理财能力的人，很容易沦为"穷忙族"，庸碌一生。

教孩子懂得用钱，小钱有机会"滚成"大钱，
孩子也才能在财务上独立自主，一生不为钱所困。

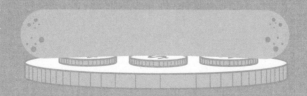

理财"忙盲茫"

理财"忙盲茫"是现代人普遍的困扰，善用科技节省时间，戒除贪心避免盲点，落实记账，相信困扰会解除。

20 多年前，我们年轻时的一位偶像唱红了一首叫《忙与盲》的歌，"忙忙忙忙忙忙／忙是为了自己的理想／还是为了不让别人失望／盲盲盲盲盲盲／盲得已经没有主张／盲得已经失去方向……"，歌词道尽现代人的窘困悲哀。

从事理财行业 20 多年来，在金融市场动荡与危机中，客户和我们不只经历了理财的忙与盲，还外加"茫"！

把字拆开来看，"忙"是"心"加"亡"，即心已停止跳动；"盲"是"目"加"亡"，也就是眼睛看不到；"茫"则是"水"加"草"加"亡"，好似随波逐流，存亡之际想要抓住岸边水草求生。理财的目的是追求财富，但常有人劳心劳力，忙碌不堪，仍看不见方向。

善用金融相关的新科技

金融市场充斥了太多资讯，为了消化吸收资讯使其成为可用的决策依据，往往要花很多时间。为了减少搜寻时间，利用科技是很好的办法。除了搜集资讯，存钱、借钱、管钱、花钱、赚钱等行为，都能利用科技来取代原本需劳心劳力的工作。

现今，台湾金融机构已发展出资讯科技，人们不用出门就能轻松处理理财的大小事。通过网络银行，人们可以转账、查询、换外币、买卖基金；通过网络证券平台，人们可以看盘、看价位、下单交易；通过网络保险平台，人们能查询保单内容、申请理赔、简易投保等。而大陆的金融科技发展更是突飞猛进，第三方支付让电子商务无远弗届、手机支付让人们出门可以免带钱包。科技在金融领域的应用和发展，使现代人为理财而忙碌的痛苦减少了许多。

2008 年的金融危机，起因是美国房屋次级贷款的大批借款人违约倒账，进而波及了全球的金融体系，造成各国投资人财富的巨大损失。先进的美国难道没有金融学家发现造成次贷危机的盲点吗？美国电影《大卖空》（*The Big Short*）曾描述这一情境，在我们的理财世界中确实还存在许多盲点，我们看不见，甚至视而不见。如何找到理财盲点并避免它，是金融专家目前还在持续努力的方向。

在家庭理财方面，许多盲点是花点心思就可以避免的。其中，最常见的盲点是"贪"。比如，有人告诉你，有只股票的价格会飙涨数倍，并摆出一大堆资料，你往往会陷入贪婪的旋涡，鬼迷心窍地使自己相信这些资料是可靠的、自己的判断是正确的，最终却发现自己在"帮人抬轿"，赔本收场。如何避免个人的理财盲点和盲从，除了从经验中多总结、从历史中吸取教训，最重要的是让自己保持清醒的头脑，培养自己弄清楚、搞明白的理财头脑，切忌人云亦云。

　　酒喝多了会迷茫，理财过程中，人被数字包围，容易昏昏沉沉，也会迷茫。一般人要做好家庭理财，首先要重视记账，从收入、支出项目中理出头绪，就能从大处着眼、小处下手。所有让人迷茫的复杂数字都是从小数字积累起来的，先从账目的分类做起。例如，把家庭的收入项目大致分为薪水奖金、理财收益、其他收入，支出项目大致分为平时家用、贷款缴付、保险费用、其他支出，再将平日记的账目或收到账单支付的细项归类填入这些大项目中，这样很快就能发现收支的概况和问题。接着，从问题追根溯源，找出能够改善的项目及做法。

　　记账的目的除了回顾，从已发生的事实中寻找到改善的方向，还应该前瞻，即运用编预算的方式，总结出家庭收入支出表，再依照目标落实执行。

　　很多人嫌记账麻烦，其实我也讨厌逐笔记账，但仍有成功的记账经验可以分享，就是要善用账单和存折。我以年为单位，通常在春节放假时，将上一年度的各类账单和存折找出来，依月份排序，再将主要数字归到大项目中，很快就能看清过去一年家庭财务的面貌，也可依此列出明年预算。若觉得一年太长，可根据具体情况调整成半年一次，或逐季、逐月来进行。

　　这样的"年终理财大扫除"我已做了多年，在整理财务的过程中，我常常会发现问题或想出理财的新点子。

收入项目	金额
薪水奖金	夫 妻
理财收益	利息 其他
其他收入	
合计	

家庭记账表
范本

本月余额

支出项目	金额
平日家用	衣 食 住 行 育 乐
贷款缴付	房贷 车贷
保险费用	
其他支出	
合计	

孩子不想接触钱，父母怎么办

生活中充斥着许多与计算金钱有关的事务，父母不妨就此类话题与孩子搜集资料并讨论，增加孩子接触钱、管钱的经验。

曾有家长向我抱怨自己读中学的孩子不想也不爱接触钱，还说："妈妈，你不用给我钱，我要的时候你再给我就好了。我不想管钱，很麻烦！"这个忧心忡忡的妈妈知道孩子未来是要面对金钱问题的，若孩子从小就不想接触钱，长大怎么办？

孩子不想接触钱的情况真是特殊。大人给孩子钱，孩子通常会很开心，还期待下次能有更多。孩子不想接触钱，是因为有让他没有金钱困扰的好妈妈，还是因为没有太多的物质欲望需要用钱来满足？"钱不是万能的，但是没有钱是万万不能的！"这位妈妈当然明白这个道理，所以担心孩子以后不了解金钱的"万能与万恶"。

让孩子从协助管理家庭预算开始

要解决这个问题，首先要了解孩子是否曾因接触金钱、处理金钱而有不愉快的体验，经过讨论找到问题的根源，先解开结，再让孩子从少量的零用钱开始，学习管理和支配金钱。

有位妈妈和我分享让孩子接触钱、管钱的经验。由于家庭每年都会有一两次小旅行，因此她请两个念中学的孩子负责财务工作，包括确定旅游地点后的财务规划（旅途中的花费项目及金额）、旅行途中的金钱管理（确认各项账目和实际支出）、平安回家后的收支总结（总共花了多少钱、与预算是否相符、未来如何改善）。这位妈妈对孩子处理这些事很有信心，她认为因担心孩子会弄丢、会搞错而不让孩子接触钱、管钱，孩子成人后会对金钱没概念，甚至成为依赖家里的"妈宝"，父母会吃到"苦果"。

在家里，父母不妨让孩子协助管理家庭预算，例如整理水电费的缴纳单、信用卡账单等，借此让孩子了解家庭收支的情况，以及金钱世界的运转。过程中，父母要让孩子了解金钱不是肮脏的、麻烦的，而是生活所必需的，而且为了谋生，长大后也必须努力赚钱。

如果孩子是因为数学不好而不愿接触金钱，那么这就属于学习方面和教育方面的问题，父母不妨跟老师讨论如何提高数学成绩，如尽量以金钱应用题来引导，并应用到实际生活中。

生活中有许多与计算金钱有关的场景。就拿话费为例，电信运营商通常会提供多种话费套餐，每个人使用手机的习惯不一样，怎样选择最划算呢？父母不妨拿此类应用题供孩子解答并与其讨论。

👛 了解财富真谛，学会赚钱理财的正道

如果父母注意到孩子非常喜欢与金钱有关的事务，总是精打细算，甚至唯利是图，务必适时告诉孩子正确的财富观念，引导孩子了解财富的真谛，学会赚钱理财的正道，不要让孩子变成守财奴，或者因贪心而贻误一生。

我有位同学因为从小生活环境贫苦，对金钱极度缺乏安全感，形成了一分一毫都必须保护好的保守心态，更不能忍受自己的钱被别人碰，同学都在背后叫她"吝啬鬼"。童年的成长环境经常左右一个人使用金钱的行为。

孩子对金钱的态度，是在家庭、学校等各种环境中慢慢形成的，使用金钱的习惯也是慢慢养成的，因此父母的观察和教导很重要。

从协助客户进行家庭理财的经验中，我发现，一个人的"财富价值观"受父母的影响真的很大。生性大方、经常请客的爸妈，子女通常不会小气；保守谨慎、锱铢必较的父母，也难养出豪气的子女。因此在观察孩子理财习惯的同时，父母要先明白自

己的财富价值观，夫妻两人的价值观若不同（如宗教信仰会不一样），最好先形成共识，在如何培养孩子的金钱价值观上达成一致。

然而，有些父母认为自己理财观点模糊，金钱处理能力薄弱，无法给予孩子正确的指导。对于这些父母，建议多研读相关书籍，或寻求专家帮助，切莫让自己耽误了儿女。"亲子理财"需要一家人共同面对金钱问题，一起努力学习。

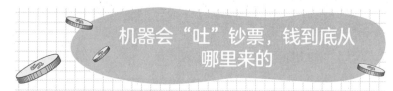

机器会"吐"钞票，钱到底从哪里来的

孩子看到机器"吐出"钱，却不知道必须先存钱进去，才能取得出来。孩子对金钱的取得缺乏实际感受，父母应该怎么做呢？

在银行工作时，曾有"理财营"的家长跟我提起她的孩子在幼儿园阶段的情况。有一天，她带儿子到商场，儿子吵着要买玩具。她说钱不够，孩子跟她说："妈妈你把皮包里的卡拿出来，插到机器上，不就有钱出来了吗？"孩子天真地以为机器可以"吐"钞票，卡一插，钱就会出来。

钱真的那么容易靠一张卡就有了吗？钱从哪里来，孩子究竟了解吗？孩子生活在金融科技快速发展的时代，从储蓄卡到信用卡，再到支付宝、余额宝，现金取得这么方便，支付如此便利，金钱越来越没有实体感。

钱从哪里来，又到哪里去了呢？孩子看到机器"吐出"钱，却不知道机器里的钱是爸妈账户里的存款，必须先存钱进去，才能取出来。孩子对金钱的取得缺乏实际感受，父母应该怎么做呢？

🪙 成长阶段不同，对钱的感知也不同

当孩子还在幼儿园阶段，只有对"物"的喜好，难以理解"钱"的等价关系。常见到商场里有小孩向父母吵着要买玩具，被告知"这很贵"后却一脸茫然。我的经验是，不跟孩子讨论价钱，而是讲数量。例如可以跟孩子说："我知道你喜欢这里的好多种玩具，但你只能从这一区挑一个玩具哦！"孩子便很认真地选他喜欢的"那一个玩具"。孩子挑好后，父母也不要多说，立刻结账。接着，孩子便会催父母赶快回家，他着急要玩新买的玩具。这招儿我试过多次，颇有效。

等孩子进入小学、懂得看价钱时，这招儿我会改成"可以在店里挑东西，但是总价不能超过100元"，于是孩子在文具店里东挑西选，凑了将近100元的东西，我会爽快付账，然后一家人快快乐乐地回家了。告知预算的概念，让孩子在有限的预算范围内选择商品，让自我满足的效用最大化（这是我念大学时经济学的第一课，没白学啊），也顺便练习了心算，算是一举两得。

当孩子开始有零用钱、压岁钱的概念时，随着需求的提升，他们会向父母要更多的钱，父母应再想些方法让孩子增加"收入"。

有些爸妈采用"劳务报酬制"，让孩子帮忙做家务，通常是洗碗、打扫卫生、倒垃圾、整理房间等小事，并据此提供零用钱。然而这样的方式并不被专家认同，因为付钱给孩子做报酬，虽能确保孩子短期内的用钱需求，但长此以往，恐怕会让孩子丧失主动帮忙的积极性，甚至容易受金钱诱惑，进入社会后倾向于看钱办事，失去对追求价值的掌控感和对义务与责任的认知。

从小养成对金钱的正确态度

家长要如何解决此问题呢？教育专家建议，父母平常应该给孩子可自由支配的零用钱，若孩子需要更多，父母可以提供"非日常的共同家务"给孩子赚取零用钱，例如协助大人洗车、整修花园、大扫除、整理全家的换季衣物等。至于专属个人的必要家务（整理自己房间）和日常的共同家务（清扫客厅、厨房等公共区域）则属于家庭分内的事，还是以家人共同承担、非付费的方式为佳。

当孩子进入高中阶段，可以打工后，父母不妨鼓励并协助子女找到合适的打工机会，这样，孩子不仅能为自己赚取更多零用钱，还可以掌控收支、学习理财。

有些父母模仿营利企业引入激励制度（incentive program），对孩子的某项成绩或行为定下目标，孩子达成就给奖金、奖品。例如，考试得100分就奖励100元，成绩比上次进步1分就给10元，钢琴通过考试就送礼物，考上第一志愿学校就出去旅游等。

对孩子运用激励的办法，父母必须考虑所设定的目标是否可行，奖金、奖品是否是孩子想要的，奖惩是否应同步实施，这些问题都将影响激励的效果。而且激励实施后常常产生"边际效用递减"的现象，即激励效果随着激励次数增多而越来越减弱，孩子越来越无感，父母在思考对孩子的激励方法时，应通盘考虑。

近年来，台湾处于低薪状态，年金改革让收入越来越少，赚钱越来越难。父母让孩子了解赚钱是怎么一回事，懂得赚钱的不易，明白收入与付出的关系，这样孩子才能尽早形成对金钱的正确态度，才不会天真地认为机器会"吐"钞票。

该不该给孩子买手机

> 在孩子学习理财的过程中，学会分辨"想要"与"需要"是重要的能力。父母除了教孩子什么是"想要"与"需要"，也要让孩子思考真正的价值在哪里。

朋友的儿子才上小学三年级就跟妈妈吵着要买手机。孩子看到大人有，同学、朋友有，觉得自己也"应该"拥有。

手机是现代人不可或缺的工具，大人使用手机除了打电话外，通过网络能够查询资讯，与亲友随时联系，还能打游戏。对大部分人来讲，没了手机就等于被世界孤立。调查报告显示，六成以上的人表示自己有"手机分离焦虑症"，无法离开手机。

帮孩子理解"想要"与"需要"

孩子看到大人玩手机，手机又有那么多的功能，自然也想拥有手机，或向他人炫耀。手机其实并非孩子的生活必需品，价格也不便宜。孩子没有钱购买手机，只能向大人要求，有的撒娇，有的吵闹。我想起家里第一台彩色电视机就是被妹妹"哭"来的。1971
年，妹妹念小学一年级的时候，彩色电视机在台湾刚问世，是非常
贵重的电器。为了看每天中午播出的"布袋戏"，妹妹哭着要爸妈
买彩色电视机。禁不起孩子的哀求哭闹，妈妈果然"投降"，咬牙
把彩色电视机买回了家，满足了孩子的愿望。

手机究竟是孩子"想要"还是"需要"的东西？小学三年级孩
子的生活模式固定，没有太多的通信需求，又尚未有自我管理的能
力，所以手机真是孩子的必需品吗？孩子往往分不清"想要"和
"需要"，不了解也难以判断物品的功能，以及与费用之间的关系。

现在流行用"CP值"（性价比 capability price，性能跟价格的
比例）来评价购买的商品是否划算，购物网站里的购物达人会以
CP值来评估商品值得花多少钱买，也就是当CP值愈高时，该商
品就更值得买。年幼的孩子不懂CP值，只会依喜好向父母要求买
他们想要的东西。

父母如果只靠花钱来满足孩子的"想要"，让孩子拥有物质上
的优越感，也许会增加孩子的自信、安全感，但若孩子的心理成熟
度没跟上，长大后恐怕只会从物质层面判断他人，甚至鄙视比自己
物质条件差的人。

孩子分不清"需要"和"想要"，一味向家中长辈（父母、祖
父母或叔伯姑姨等人）要求，长辈宠溺孩子或怕孩子吵闹，便买东

西了事，自己甚至觉得这是"爱孩子"的表现。如此重复，孩子可能形成"会吵就有糖吃"的错误心态，长大后习惯用钱解决问题，或乱买东西来平复烦躁的心情。

T 字游戏有助于理解需求与代价的关系

为了让孩子了解"天下没有白吃的午餐"、"吃米也要知道米价"的道理，懂得性价比的概念，父母可以尝试以下做法，以游戏的方式来跟孩子互动。

假设孩子吵着要某样东西，可以让孩子拿一张白纸，把想要的东西写下来，在下面画一个大大的 T 字，接着在 T 字左边写上拥有这件商品可以得到的好处，例如玩游戏、看动画片、查资料、和朋友打电话、随时和家人联系等，在右边则写上得到这件商品所需要付出的成本或代价，例如虽然有"零元手机"，但每月要付通信费和上网费，还要绑定好多年。

在写下拥有这件商品的好处时，父母可以鼓励孩子多发表自己的想法，以发掘孩子的真正需求。也许孩子只是不服输，看见隔壁的小孩有手机，而自己却没有。父母还可以逐条与孩子讨论这些好处是否真的需要，还是有其他替代方案，如果孩子要手机的目的是打游戏，家中的平板电脑就是替代品。

T 字右边的成本或代价，父母可以替孩子填上。电信运营商的手机费用方案很复杂，即使是"零元手机"，每月通信费、上网费也不少，还要绑定好多年，提前解约还要交违约金。若孩子不能理解，父母可以用他们能理解的语言解释。比如："你的零用钱一个星期 120 元，这部手机要花掉你 5 年的零用钱才能买得到呢！"

T 字左右栏都填好后，父母可以做一个结论："你要买手机，主要是想打游戏，而家里的平板电脑也可以打。隔壁的小孩有手机，你也想有，但是为了让你有手机，接下来的 5 年你都拿不到零

用钱，你能接受吗？"这样能让孩子对 CP 值有感觉，将取得这件物品的好处跟他必须付出的代价进行对比，有助于孩子日后理性对待理财与消费。

当诈骗集团找上孩子

孩子最容易遇到的诈骗是"购物的个人信息泄露诈骗"和"网络购物诈骗"。如何告诉孩子金融常识，并进行防范诈骗的教育，是父母应该考量的。

女儿读高三时周末常在图书馆复习准备考试。一次在图书馆，她突然接到一个电话。对方说，她之前的一笔网购出了问题，必须到 ATM（自动柜员机）上进行更改，才不会被持续扣款。女儿当时头脑昏昏沉沉的，心里一害怕，就照着电话里的指示，到图书馆附近的 ATM 上进行了更改。完成后，她想想不对劲，就打电话跟我说。我听完她的叙述，直觉是："糟糕，遇上诈骗集团了！"

没错，女儿真是被骗了，2 万元就这么"飞"了！女儿吓得哭了，我们报了案，母女俩生平第一次去公安局。做笔录时，女儿相当难过，但还是得面对被骗、损失金钱的现实。一年之后，法院告知犯罪嫌疑人已被绳之以法，然而我们损失的钱却拿不回来了。

🪙 平时多给孩子介绍金融常识

类似的诈骗事件层出不穷。我工作的银行的退休总经理，也差点被骗汇款，幸好在出门汇款前被发现而挡下来，可见现在的诈骗集团实在太猖獗。

这个事件使孩子的情绪受到很大刺激，我设法让自己冷静下来，解释给孩子听，并让她梳理整个过程，然后想想"世上确实有坏人，而我们自己到底错在哪里"。女儿经过这次事件明白了，需要做判断时，一定要将资讯搜集完整，有疑问时小心求证，不要被自己的情绪或对方的气势所控制，更切忌冲动行事。

从这次的受害事件中，孩子若能吸取教训，懂得分辨信息真伪、提高警觉性，2万元的损失就当作付学费上了宝贵的一课。在以后的人生道路上，我相信她会小心谨慎。女儿的受骗事件也表明她对个人信息的保护意识不强，轻易就被不怀好意者取得并利用。孩子对交易流程不够清楚，误信不怀好意者的说辞，以为ATM可以更改网购的付款方式。如何告诉孩子金融常识，并进行防范诈骗的教育，是父母应该考量的。

网络世界是虚拟多变的，孩子最容易遇到的诈骗是"购物的个人信息泄露诈骗"和"网络购物诈骗"。台湾的诈骗集团常以"商品签收单错误、账户错误设定成分期付款、偏远地区卖家只接受汇款、商品缺货要买就要快"等令人紧张的字眼引诱孩子上当，骗取金钱。

父母应就社会诈骗事件多对孩子进行教育，教孩子接到不明电话时遵循"一听、二挂、三查"的反诈骗步骤："一听"是听清楚电话里说了什么；"二挂"是听完后若觉得疑似诈骗，就立刻挂断电话，不要让诈骗者继续操控自己的情绪；"三查"就是快速拨打反诈骗专线查询，并说明所听到的内容。

常保警觉，勿心存贪念

其实人生路漫长，遇到诈骗事件在所难免，很多是诈骗者恶意欺骗，但也有亲朋好友欺瞒。有时碰到亲友借钱，自己明知理由是假的，碍于情面还是答应了，虽算不上诈骗，但被自己人骗还是不舒服的。

孩子会受骗，家长也可能受骗。很多行业均存在诈骗陷阱，与金钱密切相关的金融业当然也存在欺诈的陷阱。若遇到金融机构从业人员推销产品，必须小心谨慎。金融业不只有过度营销、风险披露不实等问题，更有从业人员为私利而造假、冒领等金融犯罪行为，给客户造成损失。

常见的金融欺诈是"业务人员推销未经主管机关核准的金融产品"，有时不只产品未经核准，连业务人员都没有取得资格证。万一碰到这种状况，我们应向金融机构或相关协会反映。然而，金融诈骗往往被视为投资失利，即使反映了情况，受害者经常因未做事前评估而求偿失败。因此在投资前，投资者应确认金融产品是否已核准登记，业务人员是否符合资格，自己是否提供了准确完整的资料，是否仔细阅读了合约。

防范诈骗，自己首先要提高警惕，才不会受骗上当。

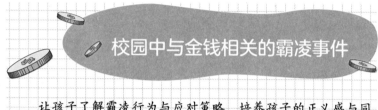

校园中与金钱相关的霸凌事件

让孩子了解霸凌行为与应对策略，培养孩子的正义感与同理心，才能预防事件发生，保护自己的安全。

　　"学弟有很多零用钱，小学六年级学生便上门勒索：'我要3 000元！'"新闻中的小学六年级学生看见低年级的同学经常带很多钱且花钱随意，不但向他勒索，还带着朋友上门恐吓要钱。另一则"不给钱就打，校园霸凌者欺负人！"新闻中，某中学男生遭同学连续恐吓要钱，只好找理由向家长多要零用钱，某次因未带够钱到校，遭同学拳打脚踢，家长要他求助学校老师，不料他一出老师办公室就被霸凌者喝住："竟敢告状！"他吓得不敢上学。

　　银行同事也跟我透露，他上小学的孩子在学校被强迫借钱的经历，受害同学还不止他儿子一人。校园里的霸凌事件常与金钱脱不了关系，也暴露出现今社会孩子扭曲的金钱价值观。霸凌者以为没有钱就可以向同学勒索或强行借钱，受害者以为花钱就可以避免受欺负，甚至以为顺从霸凌者才能维持友谊、不被排挤等。

👛 霸凌行为无所不在

霸凌事件存在于校园内外，包括言语羞辱、金钱勒索、集体围殴等，霸凌行为若不被及时遏止，对被霸凌者、旁观者，甚至霸凌者的身心发展都有严重影响。根据台湾儿童福利联盟的统计，台湾从小学、初中到高中阶段，每10个学生中就有6个曾在校园中遭受过某种形式的欺负。这样的数据令家长忧虑，单纯的学校生活变了调，霸凌让孩子惊恐害怕。日本文部科学省公布了中小学生校园霸凌和拒绝上学的调查结果，日本校园霸凌事件连续数年创新高，2015年高达22万余件，比前一年多了3万多件。

霸凌者经常以暴力解决问题，从而导致自身的人际交往能力不佳，且为了寻求归属感而加入帮派，未来成为社会边缘人甚至罪犯的概率较高。被霸凌者通常具有身材瘦弱、长相特殊、学习成绩差、自尊心弱等特征，因为遭受霸凌，自信心被打击，害怕上学，学习退步，甚至出现逃学、辍学或自残等行为。

万一发现孩子被霸凌，家长应该怎么办？首先要鼓励孩子勇敢地说出遭遇，让孩子知道做错事的人是霸凌者而不是他，给予他温暖、支持；然后耐心教导孩子以坚决果断的态度来面对霸凌，比如想办法离开现场、设法向别人求助（最好是老师或家长）。家长管教子女的方式应是鼓励关怀，而非责骂体罚，平常注意维护亲子关系，增加亲子互动，与老师多联系，可及时察觉孩子的问题，适时处理霸凌事件。

此外，家长应管控孩子接触有暴力内容的媒体与游戏，以减少不良影响，平时多教孩子正确的社交技巧，让孩子结识更多的朋友，改善人际关系，减少被霸凌的机会，即使被霸凌，也能减少造成的伤害。

孩子对霸凌事件的了解比老师及家长了解的更多，孩子若目睹霸凌事件，内心会焦虑害怕，担心自己成为下一位受害者。若自己孩子看见了校园霸凌行为，应鼓励他下次看见要赶快主动告知大人，寻求帮助，不要在现场围观；让他们了解，围观或发出笑声，会助长霸凌者的气焰。父母平时要让孩子了解霸凌行为与应对策略，培养孩子的正义感与同理心，这样才能预防事件发生，保护自己的安全。

职场霸凌也需防范

不只在校园里有霸凌行为，孩子长大进入职场，也可能碰到职场霸凌。根据相关解释，职场霸凌是指在工作场所中发生的，借由权力滥用与不公平的处罚，所造成的持续性冒犯、威胁、冷落、孤立或侮辱等行为，使被霸凌者感到受挫、被威胁、被羞辱、被孤立及受伤，进而打击其自信，给其带来沉重的身心压力。据统计，台湾有54%的上班族曾受到职场霸凌，包括言语、行为等广义的暴力行为，比例和校园霸凌差不多，且许多人自己受霸凌或变成霸凌者而不自知。

孩子在成长过程中，在校园、职场、家庭中都有可能遇到霸凌事件。父母应尽早帮助孩子正确认识及面对霸凌，这有助于孩子未来在面对类似状况时，能及时保护自己和求救，也能避免成为霸凌者。

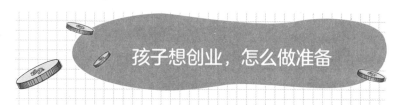

孩子想创业，怎么做准备

创业需要坚定的决心和意志力，做足相关准备，从小事开始积累实战经验。孩子的创业心愿并非遥不可及，而是可以逐步实现的。

记得我在上高中时读书累了，就梦想自己会开美美的咖啡厅，还在脑中设计菜单、桌椅，考虑如何布置，墙上挂什么，越想越开心。

两个女儿在上小学的时候，逛街看到设计感十足的店面，也曾说："我长大要开店！"开店做生意，真如想象的这么简单吗？

没有经过历练，开店只是美好的想象。一旦开始筹备运营，你就会了解开店会面临一连串的挑战，包括开发商业模式、筹备资金、招聘管理人员、实际运营、财务处理等，这些工作并不是每个人都能上手的。开店需要坚定的决心和意志力，更应具有充足的经验和准备。

2017 年的台湾杰出女青年之一李威辰（振禾食品有限公司负

责人），是微型创业的楷模。她从小家庭经济困难，在外婆的爱与温暖下长大，且磨炼出坚强的意志。李威辰在创业过程中屡次失败，所开店面多数都倒闭，被戏称为"倒店达人"。尽管遭遇了许多困难，但她从未放弃，不断积累经验并研发新产品，终于成为月营业额超过百万元的老板。

其实，我们要说孩子完全不懂开店，倒也不尽然。现在有许多电子游戏就是以"开店"为主题，让孩子在模拟游戏中理解开店的成功要素。但游戏毕竟是游戏，在真实世界创业要投入资金，万一失败了，不可能像电子游戏中那样重新开始。家长看着孩子玩此类开店游戏的同时，是否可以引导孩子了解真实世界与虚拟世界的不同呢？

用小资金积累实战经验

首先，我们要决定开什么店，在选择开店的主题内容时，可以借鉴先进做法，进行市场调查和市场分析，以预测未来趋势；尽量选择自己熟悉的商品和服务，充分运用自身所掌握的知识和技能，或者选择与亲戚朋友工作相关的商品、服务，通过亲友的指点，缩短学习时间。

除了主题内容，资金和运营更重要，必须对开店的财务计划有通盘考虑，包括如何筹备资金、如何定价、怎样控管成本等，这些都是开店做生意前的必修课。

现在开店的形式已不局限于实体店面。很多人很早就有网络拍卖的经验，从网拍发展到网络开店，是很多年轻人创业的步骤。网络商店是电子商务的应用，就像在马路上找店面开店，网络商店是在网络上开店做生意，投入的资金及运营成本相对较低，它可以全年无休、不分昼夜、超越时区。通过网络的数据管理，网店更容易搜集、追踪顾客的喜好，适时调整商品品质及品种。

我们可以引导孩子从网络开店到实体开店，或虚实并进，用小资金逐步累积实战经验。除了单打独斗，加入连锁体系也是一个不错的选择。从他人既有的成功模式出发，可以降低运营风险，也是开店的一种好方法。选择加盟的品牌时，我们应考量所在产业的发展性，商品是否具有独特性，操作流程是否标准化，千万不可盲从。

我好友的女儿从小就对烘焙充满兴趣，经常在家动手尝试，长大顺利考上理想的艺术大学的传媒系，仍舍不得放下烘焙，不断学习做糕点、面包、咖啡的技术，结合在学校习得的艺术素养，一毕业就立志开店，好友夫妇给予了相当大的支持。新闻界退休的好友夫妇并非资金充裕的"富爸爸""富妈妈"，却为了女儿开店铆足劲儿协助。孩子的开店心愿终于成真，虽然是一家小小的店，卖手工做的面包和调制的香醇咖啡，可家庭的温暖凝聚在店里，令人羡慕。

　　孩子的创业心愿并非遥不可及，而是可以逐步实现的。父母应该以积极的态度面对孩子创业的心愿，在孩子逐步追梦实现理想的同时，适当分享经验，支持和鼓励，甚至投入资金、亲自帮忙等，这些都将成为孩子未来创业成功的基石。

富二代的华丽与哀愁

富一代吃苦受难、承担风险，将打拼出来的"天下"让富二代承接，看似一切顺利；富二代生于富贵之家，好比进了"人生胜利组"，然而真能从此过上幸福快乐的日子吗？

途经台北市某知名学校，正值下课时间，同行友人指着靠拢而来的名贵轿车说："等着接富二代的！"含着"金汤匙"出生的富二代令人羡慕，他们不用担心没有钱花，在家人的呵护宠爱下长大，似乎老天把一切好运都送给了这些好命的孩子。

富二代泛指"有钱人家的孩子"，不专指第二代，有的甚至是第五六代。有多少钱才算有钱人家呢？高资产家族的财富规模也不一定有明确的标准。

我因工作关系，常有机会接触到富二代。他们光鲜亮丽的背后，往往藏着权谋与辛酸悲哀。富二代害怕自己活在花言巧语的假象中，因为总不乏阿谀奉承的酒肉朋友来讨好，听不到周围人的真心话。许多富二代没有多少社会经验，选择朋友的经验不够，辨别是非的能力不足，容易陷入财富堆积的泥沼中。

在父母长辈的监管下，富二代也不见得有足够可自由支配的现金和资产，拥有的钱往往看得到却够不到，即使刷信用卡，也是靠家里的信用额度，账单还要经过家庭财务总管审核。

富裕家族（特别是家族企业）的亲戚通常有利益往来，亲友间情与利的纠葛形成复杂的家族关系，不如寻常家庭单纯。富二代承接富一代打下的产业，不能退后，只能往前冲，万一失败了，会被说"不肖子孙败坏家产"，甚至被人嘲笑"富不过三代"。富二代虽然经济基础好，不用担心吃穿，但精神压力与必须承担的责任却很大，往往超出同龄人所能承受的范围，很难得到真正的快乐。

成为富二代既然是命运安排，那又该如何独立自主地闯出一片天？首先要在成长过程中广结人脉，练就识人的能力。"识人微时"，指年轻时所交的朋友尚未经过利益的熏染，通常是真心的，因此我们常见富二代企业家，周遭的工作团队多是学生时代的同学友人。然而物以类聚，人以群分，有钱人容易跟有钱人在一起，富二代也经常结交富二代，父母应注意孩子交友状况，当心其沾染恶习。

从小培养识人的能力，勇于做自己

在交友方面，父母无须过度保护，多鼓励孩子走出"金字塔"，接触不同层次的人，培养识人的能力，让孩子学会分辨好坏。过程中，若父母担心自己忙于事业无暇顾及孩子，不妨寻找可信赖的长辈来指导孩子为人处世。

许多成功的企业家期待孩子接班，但调查显示，台湾高达八成的子女表示没有接班意愿。有些已经接班者，也表示出被动接班的事实。常听企业家抱怨孩子不愿接班，一味希望孩子承担家族企业的经营责任，却忽略了孩子的兴趣和才能。

"股神"巴菲特，在 2006 年宣布将逐步捐出 99% 的财产，不打算留给子女。他说："生下来嘴里就含着一个银勺子的人，最后可能变成背上扎着银匕首的人，因为他们容易产生权力感而鲜有成就。"彼得·巴菲特（Peter Buffet）身为"股神"之子，是全球最引人注目的富二代之一，选择走音乐之路，成为全美知名的音乐人，并以此为豪。彼得认为，父亲让他勇于做自己，而父亲的人生哲学"开创你自己的人生大道"才是让他获益最大的。

资产丰厚的家族为了能代代传承，除了家族成员团结努力之外，则需要专业人士的帮忙。这些超级富有家族通常会设立"家族办公室"（family office），委托专业机构进行全方位的家族财富管理，形成由家族内外人士共同参与的良好管理机制，使资产能保值增值，顺利传承。

家族除了由专业机构设计家族企业财富传承的结构，针对下一代还可以进行适才适性的职业安排与教育，让家族财富代代传承的同时，也能顾及每个家人的心愿和兴趣。

打工赚钱好不好

除了能拥有支配金钱的自由，打工也能为未来进入职场做准备，还会对未来职业的选择及工作表现有很大的影响。

考上保健营养专业的女儿一进入大学，就去家附近的药局兼职，一做两年多，还成为该药局最资深的员工。因为工作上常与街坊邻居、客户亲切互动，某次晚会女儿领到老板发的奖赏——一个大礼盒。我为她的工作受肯定而开心。

她在大三时也曾当过某大型书店文具部的收银员。这份工作与她所学并无直接关系，完全是基于个人的兴趣。上班第一天，她就忙到半夜两点才到家，这令我非常担心。之后，我得知当晚由她这个新员工值班，手忙脚乱加上客户众多，账算到很晚，所以才那么晚到家。孩子打工，父母担心啊！

积累职场经验，培养兴趣专长

孩子打工到底为了什么？大多是想赚钱。有了收入就能付学费和生活费，少花父母的钱，拥有支配金钱的自由。此外，打工也能为未来的职场工作做准备，会对未来职业的选择及工作表现有很大的影响。一般而言，孩子打工都在高中以后，以大学时期居多。打工的职业选择主要有下列几类。

- 校园工作，例如学校助教、研究助理、学校商店的销售人员等。
- 服务或销售工作，例如餐厅、服装店、超市、大卖场等地方的计时服务人员或业务人员。
- 临时或短期工作，如工厂作业员、公关演艺活动的现场人员等。
- 学校实习工作，医药、会计、法律、金融、理工等专业会要求学生实习，以便与课程配合或取得相应证书。

打工人员的薪资较低，常常只能拿到最低工资或时薪，有些根本没有钱可拿。打工除了赚钱，还能将学校所学，用于实践，形成经验，为未来进入职场做准备，同时可以培养兴趣专长。

有位老同事的女儿念中文系，但她的兴趣是剧场的音响工作，为此她放弃当家教的不错收入，而去担任学校附属剧场演艺厅的工作人员。后来，她被学校推荐去比利时做交换生，并计划参访欧洲各大主要剧场。

善用机会，谨守原则

　　孩子打工的经验也会影响未来求职。记得 20 年前，我曾面试过一位客户服务部的新人，她虽学历不高，但当过"麦当劳姐姐"并获"服务优良"奖，我因为她的打工经验而录取她，之后她果然表现不凡，很快高升为某银行人力资源部资深助理。有不少暑假在我工作的部门实习的学生，毕业后仍与我保持联系，我乐意作为职场前辈关心指导他们，并提供就职资讯。凭着信任、了解和情谊，其中几位后来还成为我的得力工作伙伴。

　　可见，打工的体验、工作绩效、所建立的人际网络，对未来的成功有很大的影响。

　　打工会花费不少时间，如何与学业做平衡，不因打工放弃学校活动与学习机会，都是孩子在决定是否打工、从事什么工作时的重要考量。为了不与学业冲突，多数学生选择寒暑假打工，某些雇主便趁机剥削缺乏社会经验的学生，甚至压榨他们。因此，学生和家长都应懂得捍卫自己的打工权益，在找打工机会前先做好三大准备——搜集应聘公司的资料、告知亲友求职地点、检查求职资讯是否正确，并谨记不交钱、不购买、不签约、不办卡、不喝来路不明的饮料、不非法工作的原则，保护自身安全。

新闻常报道孩子打工遇陷阱，发生损失金钱或伤害身心的事。例如，被雇主找借口乱扣薪、在言语或肢体上骚扰、被要求先付钱买公司产品、被要求违法打工、被要求贩卖不合法的产品。

孩子毕竟是职场的新人，缺乏经验，难以判别职场是否存在风险，父母需要多加观察和指导。近年来流行境外打工、境外实习，境外招聘企业标榜既能让新人旅游又能让他们有钱赚，年轻人很向往。为防止境外打工被骗，孩子首先必须了解招聘公司的声誉及实质工作内容，不要被高薪冲昏了头，待遇不合常理就很可能有问题，出境前最好先购买相关保险，到了境外更需要注意自身安全。

贫富不均，全球性的危机

贫富不均是全球日渐严重的问题。全世界财富前 0.7% 的人拥有全球近半数资产，而 73% 的人的财富净值不到 1 万美元。

我认识两个同龄的女大学生，一位是富家女，爸爸是上市公司的董事长，她在上大学前就已有房有车。另一位女孩来自台湾南部偏远地区，靠打零工赚钱的父亲供不起多名子女求学，她只能边打工边读书，每月生活费只有 3 000 元。这两个同龄女孩为何贫富相差如此大？

仅从两个女孩的情况来评判台湾的贫富差距问题，也许太过主观，然而贫富不均究竟有多严重，我们可以看看数据。据统计，台湾贫富差距在过去 30 年日益严重。2014 年所得税申报户共 607 万户，按申报所得高低分成 20 等份，所得最低的 5% 家庭年均所得只有 4.7 万元，但所得最高的 5% 家庭年均所得则为 525.6 万元，最高的 5% 是最低的 5% 年均所得的 112 倍，创下历史新高。而 10

年前，最高的 5% 是最低的 5% 年均所得的 55 倍，10 年间年均所得倍增，台湾贫富两极化趋势相当明显。

贫富差距持续扩大

不仅台湾地区，贫富不均现象几乎全球都有。尤其自 2008 年金融危机以来，各国和地区财富分配状况似乎愈加不公平。其中，俄罗斯财富集中的程度最严重，该国 1% 的富人竟掌控了 75% 的国家财富；而印度和泰国，最有钱的 1% 人口掌握着全国近 60% 的财富。[①]

台湾地区近年来的财富所得也在往极少数人手中集中，收入前 1% 的所得者的收入占总所得的比例已蹿升至 11%。韩国过去 10 多年贫富差距也逐渐拉大，收入前 10% 的民众，赚走全国近 50% 所得，高薪好工作通常会被含着"金汤匙"出生的富二代拥有。

为什么贫富不均现象日益严重？学者、专家指出，分配不均有长期及短期因素，长期因素包括全球化竞争、知识经济兴起，以及政府税制漏洞等。短期则受到泡沫经济、金融危机等因素影响。联合国开发计划署的报告则表示，劳动者受到贸易和金融全球化的影

---

① 资料来源：瑞士信贷银行。

响而失去讨价还价的能力，是过去 20 年贫富差距扩大的主因。

《经济学人》（*The Economist*）分析，贫富差距持续扩大的 3 项主因是社会经济发展、时代贫富累积效果、受教育的机会与资源。简单来说，就是"经济好，有钱人更有钱，富二代教育资源丰厚且有高薪工作，财富传承；经济差，穷人更穷，穷二代只能做体力劳动，恶性循环翻身难"。

共寻安身立命的活路

在世界各国和地区的所得日益往有钱人集中的趋势下，贫富不均已成全球性危机。韩国年轻一代对贫富差距扩大感到不满，一本名为《我恨韩国》的书适时畅销，凸显了年轻人对生活的绝望。中国台湾经济过去正发展，普通人辛苦工作，却没有真正赚到钱。

万事达卡（MasterCard）公布了"未来世代幸福指数调查"结果，综观亚太各国家和地区的社会现状，贫富不均乐观指数偏低，贫富不均持续成为下个世代的隐忧。我们的孩子，无论是富二代还是穷二代，都必须在日益恶化的时代分配所得问题中，寻找安身立命的活路。

当全球年轻人都将他们所面临的贫富不均问题指向父母这个时代时，我们能做什么？电脑之家（PChome）的董事长詹宏志认为，应该用"破坏性创新"打破僵局，强迫旧势力寻找新能力，制定有效的政策，让今天迈出校门的年轻人能够更有机会。专家指出，我们只靠提供教育机会其实解决不了贫富不均问题，还得回到税制改革上，这样，政治人物回避不了，大富豪更回避不了。

只有每个人都能尽一份力，无论贫富，抛开对立情绪，理解全球都要面对此难题，凝聚大家的力量，寻找并支持解决方案，后代年轻人才不会落入贫穷的恶性循环中。

布施从小开始

　　许多寓言故事，教化人们布施做好事。父母在子女小时候就告诉他们布施的观念，对孩子来说，将是比金钱财富更为有用的赠予。

　　孩子小时候，我带她们去庙里，看见透明箱子装满了钞票和硬币，孩子问我那是做什么。"香火钱啊，让菩萨帮我们把钱送给有需要的人。"孩子怯生生地带着喜悦的表情投入钱，体会布施的快乐。

　　佛教、基督教等都强调布施奉献，视"把帮助送给需要的人"为美德。为何布施是重要的？历史已经证明，慈悲悯人、体恤同情、互相帮助是人类延续生命的正循环，把资源送给有需要的人而不求回报，获得的快乐往往胜于付出，正所谓"有舍才有得""施比受有福"。

乐善好施，但也要量力而为

布施不一定是给钱。佛教里的布施分为 3 种：财施、法施、无畏施。财施就是将财物送给需要的人，例如捐香火钱、灾害发生后捐助物资给受灾户、把家里多余还能用的家具、电器进行资源回收、将孩子长大后用不着的书籍、文具、玩具送福利院等，这类财物的捐献，都属于财施。

法施则是将解决问题或做人处事的方法分享或教给他人，像孩子间在学习上的互相帮助、家长间分享亲子相处经验等。社会上各行各业的知识、技术，凡在没有条件、不计酬劳的情况下传授或分享，都属于法施。无畏施指的是关怀别人并解除别人的恐惧，例如孩子在运动场上为同学打气加油、朋友心情难过时的陪伴。纵使没有能力做到无畏施，也万万不能讲出让别人身心不安的话，或做出让别人害怕的事。

无论是财施、法施还是无畏施，只要是帮助他人、由心而发的善意，都是布施。

孩子拿到零用钱都会很快乐，但若希望孩子把到手的零用钱捐给需要的人，有些孩子就不见得情愿了。年幼孩子的金钱观念仍模糊，不懂钱从何来、如何花；有些孩子很大方，见人需要就主动捐出，一有同学开口求助就把钱奉上；有些孩子重情义，见到不平的事可能就会用钱帮助弱者。孩子在捐钱给需要帮助的人时，并没有想到钱从哪里来。乐善好施是美好的品质，但是我们也要教孩子分清界限，不能帮过头，布施时应考虑自己的能力，注意分寸。

我们即使做不到上述的布施，也能用最简单的方式对待他人。像"颜施"，就是脸上带着微笑待人，以前我的主管就常说"这人不错，总是笑眯眯的"，可见带着亲切的笑会给人好印象、好心情，这是一种容易做到的布施。万一天生一副"扑克脸"，即使微笑，别人也感受不到，那么不妨运用"言施"，多说鼓励、赞美和安慰他人的话，或运用"眼施"，向人投去善意的目光，或运用"身施"，直接用行动来帮助别人，例如扶老人过马路、提重物等。

过去到柬埔寨的吴哥窟旅游时，一下游览车就有一群睁着大眼睛的可爱孩子围过来推销手环等纪念品，只要向一个孩子购买，其他孩子就露出失望的眼神。需要帮助的孩子很多，我们自己在尽力帮助的同时，也希望自己的孩子日后有能力助人。

从小教给孩子布施的正确观念、方法，运用不同方式布施，帮助了他人，也是为自己"造福田"，且"积善之家必有余庆"。然而，布施的最高境界是"心中无所求"，家中自然而然形成乐善好施的气氛，才是家人享有的最美好的财富。

孩子的新"商道"

网络时代产生了新的商业模式，交易形态与获利方法也经历了革命性的转变，家长可以借机告诉孩子商务往来的注意点。

有一天我上视频网站浏览，不小心看到"软软大比拼"标题的视频，心想这是什么玩意儿，软糖吗？还是卫生纸？我看了视频才知"软软"是目前女孩子最喜爱收藏和把玩的塑胶玩具。

"软软"英文名称为"Squishy"，有蛋糕、小熊、水果等可爱造型，不管怎样挤压、捏扯都不会变形，因此有"疗愈、舒压"的效果。一天，我在回家路上，看到摊贩在卖"指尖陀螺"，我感到好奇，通过上视频网站搜索，才知道这是现在校园中男生最喜欢的玩具，只要以手指夹紧陀螺中心的凹洞，再拨动叶片即可，孩子们喜欢拿来比赛，看谁能让指尖陀螺旋转最久，或耍出最多花招。据说，它也是用来舒缓压力的。

我的孩子都大学毕业了，"软软"或"指尖陀螺"这类新潮玩具不在我的关注范围，而令我眼前一亮的是，视频里介绍这些新奇玩具的竟是中学生！视频中这些孩子以这个年龄段特有的音色，通过拍摄及剪辑（甚至有专业的字幕和音效）介绍玩具的玩法、功能、价钱与购买方式等，娴熟程度不输大人，结尾还不忘请观众关注并订阅。哇，我真是开眼界了，是这些孩子早熟，还是我不懂他们的世界？

和一位媒体友人聊起此现象，她告诉我孩子们不仅在视频网站上传视频当"网红"，有的还在网上商城开店，甚至在学校补习班与同学、朋友进行实体交易。这些孩子跟大人一样做起生意，用先进的网络营销手法展示他们的"商品"，一样以本求利，收获金钱。我想起小时候流行玩纸牌，玩法有很多种，赢家收取输家的纸牌作为战利品，那时我们最大的骄傲就是赢得纸牌。但现在的孩子不一样了，玩具对他们的意义似乎是舒解压力胜于乐趣，交易重于输赢。

也许是我们大人大惊小怪了，孩子们出生在网络时代，运用科技进行人类自古以来就有的买卖，有什么奇怪？孩子们懂得上传视频，懂得建立粉丝群，懂得在网络购物平台开店，这是他们这个时代的"方法"。就像我爷爷那个年代，小孩为了补贴家用也得推着车沿街叫卖。时代在变，销售工具也在变。

网络时代产生了新的商业模式，交易形态与获利方法也经历了革命性的转变。孩子上传视频教大家怎么玩"软软"，丰富的内容加上完整的后期制作，不只吸引了观众、粉丝的目光，建立营销的基础，还能由视频高点击率获得"酬劳"。分享玩具的喜悦、受粉丝欢迎的骄傲，加上金钱酬劳的诱惑，孩子很容易走上"网红"的道路，经历连自己爸妈都没走过的"商道"。

有些父母和师长不以为然，认为孩子要专心读书，没事开什么"网店"？当什么"网红"？万一被坏人骗了怎么办？的确，在孩子的"新商道"上存在许多无法防范的风险，像个人信息被盗用、交易诈骗等，若父母师长只为避免危险发生，一味禁止或阻挠孩子尝试新的交易方式，也许适得其反，孩子可能关着门偷偷摸摸用电脑、手机进行他们的"地下经济"，万一出了事，父母才知道就太晚了。

与其防堵，不如并进。网络科技随着行动工具和人工智能的发展，日新月异、无远弗届，父母跟着儿女一起尝试新的科技应用，除了学习社群运营外，还有更多网络新商业模式值得探索。孩子早一点接触金钱世界，了解正确的理财观念，对未来求职谋生必然有帮助。父母跟着孩子接触网络科技的同时，可以借机告诉孩子商务往来的注意点。父母敲键盘的手指虽比孩子生硬，但识别商业风险的能力还是比孩子强的！

第三章
怎么帮孩子存钱

给孩子鱼吃，也要记得教他如何钓鱼。

在亲子互动时，进行金钱问题的讨论，
帮孩子养成记账、储蓄的习惯，树立用钱的
正确观念，才是父母给孩子的珍贵礼物！

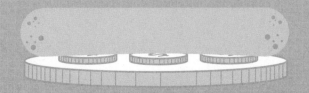

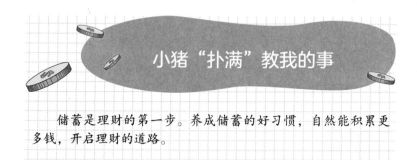

小猪"扑满"教我的事

> 储蓄是理财的第一步。养成储蓄的好习惯，自然能积累更多钱，开启理财的道路。

白白胖胖的小猪"扑满"是许多人的童年记忆，它里头装的是我们平日省下的 1 元、5 角的硬币，等到非用钱不可的时候，或小猪肚子被塞满时，我们才会把它摔破，拿出攒下的钱。

在我小时候，这样存钱被认为是一种好习惯，社会、学校和家庭都鼓励储蓄。小学时，学校就要求我们开立邮政储蓄账户，每星期都有银行的叔叔或阿姨来学校帮我们存钱，小学生人手一本存折，学校还办了存款竞赛呢！

储蓄是理财第一步

储蓄当然是理财的第一步，若没有钱如何开始理财呢？养成储蓄的好习惯，自然能让钱积累更多，从而开启理财的道路。我们可以把钱放在"扑满"里，也可以在银行开账户把钱存进去，两者的差别是"扑满"便于随手存，但不会有利息，而银行账户安全有保障，还会产生利息。

然而，目前台湾的存款利率水平这么低，想要依靠利息过日子，变得极为困难。储蓄的意义因此不再是用钱生钱，而是在生活中能省则省，让存折上的数字变大，如此才算达成理财的第一步：积累财富。

想要靠省钱来储蓄，说难不难，说简单却不容易做到。往小猪"扑满"里随手塞硬币的方法简称"随手法"，实施起来很容易。很多男生嫌麻烦，不喜欢带硬币，一回家就把口袋里的硬币掏出来，这时只要准备一个盒子（"扑满"也可以），把零钱放进去，且遵守"只进不出"的原则，长年累月下来，这个盒子就会变成"聚宝盆"，可以积累小小财富。

然而"随手法"因为太随意，缺乏目标管理，所以要在一定期限期内达成累积财富的确切目标，不妨参考网络上存钱达人教的"分袋花钱法"：把每天计划要花的现金用透明封口塑料袋装起来，在袋子上写上日期，花钱时只能从当天的袋子中取出钱来用。一天结束，将结余的钱标注在袋子上并收妥保存，月底时结算总共省下多少钱，再将钱存入银行。

这样做的好处是，每天从透明袋拿出钱花时，会自觉地提醒自己少花一点，而且每天就像在竞赛一样，把存钱当游戏，若今天省下的钱比昨天多，还会有"胜利"的喜悦。

先存钱再花钱，习惯成自然

先计划每天花的现金，其实是计划储蓄很重要的一环。很多人是拿"用剩下来的钱"储蓄，而真正成功的储蓄达人是先从收入中留下目标储蓄金额，将剩下的用来花费。

举例来说，一家四口的月收入是新台币 9 万元，若设定每个月的储蓄目标是 2 万元，那么可用于花费的为 7 万元，扣除房贷、水电费等固定支出 5 万元，剩下的 2 万元除以 30 天，每天可动用的现金约为 700 元，可以实践上述"分袋花钱法"。若一个月下来结余了 5 000 元，那么当月就有 2.5 万元可以存起来，向家庭理财目标又前进了一步。

也有储蓄达人在网络上分享"每天多一点"的存钱法，方法是今天一定要比昨天存更多，明天要比今天存更多，依此类推，即依据个人状况设定周期及每个周期第一天要存多少。如果每个星期日结算，星期一就要确定储蓄金额，假设是 300 元，那么星期二必须存得比 300 元多，星期三要比星期二多，以此类推。星期日晚上进行结算，第二天把上一周存下来的钱存入银行，并做记录。接着，每周能和自己玩"每周多一点"的游戏了，长年累月下来，会是一笔小财富。若经常把花钱、省钱、存钱的目标放在心上，自然可以克制许多冲动和不当的用钱举动，甚至会花心思想更有效果的存钱方法。

储蓄在于习惯的养成，不仅掌管家中财富的父母需要有纪律地储蓄，孩子也应该养成存钱的好习惯。小猪"扑满"其实教了我们好多事！储蓄可以轻松好玩，用游戏或竞赛的方式让存钱成为生活的一部分，不仅"第一桶金"的目标可以顺利达成，也能让我们花钱变得更理性，省钱变得更容易。

银行存款的多种方式

虽然说开户、存钱好像很容易，但现在银行存款业务的币种和类别很多，还真不知道该如何开始。

诈骗集团猖獗，加上为了防范洗钱等犯罪行为，银行在为客户开户时，必须验明身份，确认是本人，而且开户人有充足的开户理由和意愿。有些已满 20 岁的大学生因打工被公司要求去银行开户，台湾的银行柜员会询问"为何户籍所在地和这家分行离这么远，还来这里开户？"这类问题，并要求提供相关证件，验明开户人的身份。

🌸 高利率不保证高收益

确认开户意愿和原因后，柜员会介绍存款账户的种类。在台湾，针对一般自然人，银行通常会建议开立综合型存款账户或整合型存款账户。由于所有存款往来都整合在一本存折内，客户对所有存款的往来明细会一目了然。

到银行存钱一定要了解币种、期限和利率，有些客户看到利率高就开心，再看看币种，发现是自己没听过的外币，就不知该如何选择了。其实各个币种的存款利率都不一样，利率走势跟所在地区的经济状况高度相关，并非利率高就好。客户常常为了贪图高利率而选择汇率变动幅度大或有贬值趋向的币种，赚了利息却遭受汇损，得不偿失。

就存款的期限而言，有活期存款和定期存款两大类。所谓活期，是可随时存入、随时取出，没有期限的规定；定期则有期限限制，通常期限越长，利率越高。由于定期存款的期限限制，若没到期就需要用钱将其取出，即"未到期解约"，原本约定的利息就会被"打折"。倘若客户只是急需少量的钱，利率被"打折"不划算，不妨选择其他方式来应急，如台湾有定存质借的方式。质借就是以自己的定期存款作为担保品，向银行借钱，借款利率会比定存利率高一点。

选择适合个人的定存方式

对于定期存款，银行柜员还会告诉你，它有整存整取、零存整取、整存零取和存本取息等多种选择，相信客户听后不免感叹："我的天，存钱这么麻烦！"

其实，照字面来理解并不难。整存整取，是指单笔存进，到期加利息后单笔取出；零存整取，假设每月都存入 1 万元，1 年后整笔连本带利一起取出；整存零取，是一开始先整笔存入，接下来每月取出相同金额；存本取息，是先存入一笔本金，到期取出本金，中间每月取出利息。以上 4 种定存方式适合不同的人群，满足不同的需要。例如：上班族想强迫自己储蓄，就适合采用零存整取；退休族需要固定收入来应对日常支出，存本取息就像每月还有薪水"领"一样，但"领"的其实是自己存入的本金所产生的利息。

受到全球经济形势的影响，台湾实行低利率已经很久。有些人因为利率低，即使存入大额本金，也取不出多少利息，因而放弃储蓄而改为投资，如投资共同基金、股票、债券等。这些投资工具虽然有可能产生较存款高的收益，却会让投资者背负本金亏损的风险。相较于其他的投资工具，存款无疑是相对安全、保本的。

虽然台湾没发生过，但欧美地区曾有存款人因银行破产倒闭而拿不回存款的例子，所以台湾除了加强金融机构监管，避免银行倒闭之外，为保障存款人的存款安全，也强制推行了存款保险制度，且保费由银行出。万一银行倒闭，存款保险公司在投保范围内保证理赔，目前台湾存款保险公司的存款保障最高为 300 万元。如此一来，存款可以说几乎百分之百安全了。

银行定存的4种方式

整存整取	零存整取
单笔存进，到期加利息后单笔取出	每月存进一笔钱，到期后连本带利取出
存本取息	整存零取
存入一笔本金，每月领取利息，期满取回本金	整笔存入，每月取出相同金额

从汉堡价格教孩子认识外汇投资

> 汇率与生活息息相关，属于家庭财富管理的重要范畴。父母利用旅游让孩子了解不同城市的生活习惯、不同国家和地区的金钱使用方式及不同币种购买力的差异，是培养孩子理财能力的好方法。

孩子小时候，我们带她们去美国探望奶奶，美国随处可见的麦当劳店是让孩子既熟悉又好奇的地方，她们总是吵着要看看美国的麦当劳跟台湾地区的有什么不一样。

孩子们望着点餐板问我："妈妈，麦香鱼汉堡要多少钱？比台湾的贵还是便宜？"点好餐付完钱，我们就边吃边聊，开始计算哪里的汉堡便宜。

从生活实例理解汇率概念

一样规格的麦当劳汉堡，在不同国家和地区用不一样的币种来标示价格。2017年麦香鱼汉堡在台湾地区的售价是新台币49元，美国则是 3.79 美元，美元兑新台币的汇率是 30.3 的话，美国的麦香鱼汉堡价格换算成新台币是 115 元，比台湾的贵出许多。如果孩子大到能理解数学应用题，应该很容易回答。而"汇率"这个重要名词，就属于理财的概念了。

哪里的汉堡便宜？这和汇率有很大关系。父母可以利用机会，让孩子了解大多数国家和地区使用的货币是不同的。美国用美元、日本用日元、欧洲的很多国家用欧元……不同币种的转换要靠汇率来完成。父母通过买东西的生活实例，告诉孩子汇率的概念和计算方法，让孩子认识到汇率并非一成不变，今天美元对新台币的汇率和昨天不一样，现在的汇率也可能和前一小时的不同。

为何汇率会不一样？因为影响汇率变动的原因有很多，如经济制度、金融形势、政治政策、突发重大事件和全球贸易状况等。当新台币兑换外币的汇率变高时，表示新台币变得比较"强"。例如，若新台币对日元的汇率从 3.67 升到 3.95，就表示原来用 100 元新台币只能买到 367 日元的东西，现在可以买到 395 日元的东西，台币的购买力变强了。

现在的孩子出游的机会很多，父母利用旅游让孩子了解不同城市的生活习惯，不同国家和地区的金钱使用方式及不同币种购买力的差异，是培养孩子理财能力的好方法。针对小学年纪的孩子，父母可以利用与"麦当劳价格比较"类似的游戏，把数学应用到生活中，训练孩子的计算能力，寓教于乐。对于初高中年纪的孩子，父母则可以介绍如何用手机查询汇率，并用相关 App 即时换算不同币种，适时介绍汇率概念，解释其变动的原因。

外汇投资学问多

汇率与生活息息相关，是家庭财富管理的重要范畴。银行理财专员每日的必做功课之一，就是了解世界主要币种汇率的变动，适时向拥有外币资产的客户提供调整资产配置的建议。

理财专员经常会被客户询问如何利用汇率赚钱，理财专员能力不一，回答也不同。我认为，想利用汇率赚钱，真不是一件容易的事情。外汇投资具有特殊性和复杂性，汇率变化的原因很复杂，专业金融机构都不见得能顺利赚到钱，何况一般个人投资者。调查发现，台湾民众的外汇知识普遍不足，常犯的错误包括投资外币只重利率而忽略汇率、以为外币资产的币种越少越好、搞不清楚银行业务种类的差别。许多投资者因缺乏前期的准备和外汇投资常识，盲目入市而遭受损失。

一般家庭对外汇的投资最好还是基于实际生活的需要，例如想购置境外房产、有移民打算、会送子女到境外读书等。对外汇有需求的家庭，如何换汇最划算呢？建议还是采取"分批买入或卖出"的方法，以免买在最高点或卖在最低点。此外，现在银行 App 都提供了外汇价格提醒功能，只要设定好自己想要的买卖汇率，一旦价位到了，手机就会提醒，这样便利的功能不妨多运用。而且换外币也不必亲自去银行，网上银行大多有转换外币的功能，能快速轻松完成。

高科技缩短了世界各地的距离，通过网络，这一代的孩子可以搜寻"全世界"。无论是消费、旅游、留学，还是工作，孩子们都将接触到外币，使用外币或赚取外币。父母尽早在生活中让孩子了解汇率，是有必要的。对于想让孩子留学，甚至计划移民的家庭而言，汇率就更重要了，父母要尽早培养孩子应对汇率变动的能力。

银行App购买外币流程

购买外币前
1. 开立外币存款账户
2. 下载银行App
3. 填写转出账号

下单
1. 打开银行App
2. 选择"外币转账/换汇"
3. 输入换汇资料（账号、币种等）
4. 确认资料无误，输入密码

股票是贴在屁股上的邮票吗

我问"小富翁理财营"里的小朋友股票是什么,孩子们七嘴八舌地回答,突然有人说:"老师,股票是不是贴在屁股上的邮票?"全班哄堂大笑!

股票到底是什么?小时候我曾问在上市公司工作的父亲,因为他有公司配发给员工的股票,经常研读报刊上的股票资讯,父亲反问我:"你说股票是什么啊?"我回答:"股票,不就是价位低的时候去买,价位高了卖掉吗?"父亲微笑着点头,可能觉得这孩子有投资天分,竟然讲出了股票制胜的大道理。直到我自己投资股票多年后才发现,投资市场的千古难题正是不知道股票价格的高点和低点在哪里,它一直困扰着所有的股民。

💰 精打细算,不受高股利诱惑

股票是代表公司价值的证券,若想参与一家公司的经营,分享运营盈余,方法就是在流通市场购买该公司的股票,通过持有公司股权来获得利益。股票令人又爱又恨，因为它的价格涨跌不定，可能使投资者赚大钱，也可能使其赔本。

一般来说，投资股票的目的是期待它未来能够升值，也就是买了之后，股票的价格会上涨。另一目的是期待上市公司配发高股利，即公司运营绩效佳的时候会分配给投资者股票股利或现金股利。然而，有些上市公司虽然配发高股利，股价却会下跌（或投资者自己买在高点），投资者赚了股利却赔了股本。所以整体而言，投资者要计算是否有满意的收益率，不能只看高股利。

台湾地区股市曾有一段"亮丽岁月"，但受世界经济局势影响，股市已不再风光。一般个人是否有能力投资股票呢？股票这样的投资工具适合用来进行家庭投资，为下一代储备教育基金或准备自己的养老金吗？

股票价格起伏不定，我认为并不适合作为家庭的主要投资工具，但是台湾地区有上千家上市公司发行股票，若能选择经营绩效优、稳定配息且具长期升值潜力的上市公司投资，仍不失为家庭资产配置的选择。

多元资产配置有效分摊风险

若觉得自己选择股票很困难，又没有时间盯盘了解股票走势，可以选择投资股票型基金或指数型基金。它们由基金经理操盘，依据市场指数调整，不需投资者自己选股，省去盯盘看资讯的精力，但要付一定的管理费。

若将股票作为家庭资产配置的一部分，可以用孩子的名义来买股票吗？在台湾，父母可以帮未成年的孩子在证券公司开户买卖股票，由父母作为代理人进行交易。现在证券市场还推出了定期定额买股票的方式，父母可以用赠予孩子的钱来购买有稳定配息的绩优股票，长期下来应该会比把钱存在银行有更好的收益。

说到赠予，我来分享一件长辈赠予股票的事。我出生时，有一位很照顾父亲的富裕长辈问父亲，要送什么礼物给我这个刚出生的长女，当时的传统是送金首饰或红包，父亲却向这位资产丰厚的大家族长辈建议改送股票。虽面额不大、股数很少，但这只股票现在已经是当年价值的数十倍。如果是金首饰，或许没有这么优异的增值性。

相反，如果公司运营不佳，股价"一落千丈"，恐怕比邮票还不值钱。若投资赔本，股票真的会变成"贴在屁'股'上的邮'票'"。因此，家庭投资宜以多元资产配置的方式分摊风险，避免为了赚钱而把钱都投在股票上，或听小道消息盲目进出，要以长远眼光研究标的公司的增值性进行谨慎投资，这才可以避免"股票变邮票"。

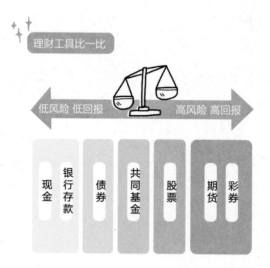

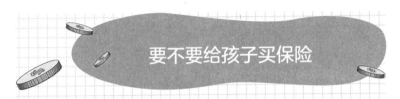

要不要给孩子买保险

　　许多家长在给儿童投保时，常有"重储蓄、轻保障"的现象。保险业务员热衷推荐储蓄险，并强调通过它可以筹措子女的教育基金，这样的说法正确吗？

　　大概20年前，我在银行工作，曾在于保险公司工作的朋友的介绍下，为两个学龄前的女儿购买了儿童保险。这是我第一次为孩子买人寿保险，记得是属于储蓄险性质的6年期寿险。6年后，我们顺利取得保险给付金。

　　回想起来，我是把这份保险当成"长期的定存单"，压根没考虑保障范围和理赔金额。当时保险预定利率普遍高，此保单若以投资收益率来看，平均每年有8％的收益率，与现今低利率比较，真是相当不错的理财回报。

保险确有必要，但需量力而为

　　孩子究竟需不需要寿险？我们先要看寿险提供什么保障和能有

多少给付金。一般成年人购买寿险主要是为了保障，当死亡或有重病残废时，保险公司会核发理赔金给保险受益人，以满足其金钱需求，保障其生活。但是孩子年龄还小，需要这样的寿险保障吗？会不会衍生其他问题？

依台湾地区目前的相关规定，购买人寿保险及伤害保险的未成年人，于15周岁前死亡，不会获得给付金，保险公司仅加计利息退还所缴保费。如此规定是基于道德风险，过去发生过父母为了谋取保险金，而虐伤或杀害自己儿女的惨痛事件。虽然15周岁前无身故金，但是16岁后至缴费期满，保险公司会给付死亡保险金。

幼龄儿童可能不需要寿险的保障，然而在孩子成长过程中，父母承担了相当多的风险。例如，孩子因好玩好动发生意外伤害或体弱多病，所需的医疗费用可能拖垮一个家庭，为孩子选择意外伤害类保险和医疗险是有必要的，但父母必须量力而为。对于一般经济实力的家庭来说，可以只为孩子购买医疗险和意外伤害险，这对家庭生活保障较有帮助且花费不多；如果经济实力允许，再考虑为孩子加购其他险种。

数据显示，许多家长在给儿童投保时，常有"重储蓄、轻保障"的现象。保险业务员热衷推荐储蓄险，并强调通过它可以筹措子女的教育基金，这样的说法正确吗？

其实，若计算投资收益率，比起定时定额投资基金的方式，保险逊色许多，所以用保险来为子女筹措教育基金并非优先选择。要想享有较高的保障，方法并不在于给孩子买更多的保险，而应该将高额保障放在家中主要经济来源的父母身上。

类别	主要保障项目	主要保障内容
医疗险	生病住院	以住院终身医疗优先考量，着重生病住院医疗给付
意外险	意外伤害	意外门诊给付或医疗给付
储蓄险	积累教育基金	兼顾保本和收益特性，稳定积累资产

回归保险的初衷，审慎评估规划

保险五花八门，近年来出现了有"三代保单"之称的还本险，若父母帮子女投保，父母可先领取本金，儿女长大后可以自己领，儿女年老身故后可由孙子或孙女领，强调"一张保单领三代"。

这类保险很受欢迎，保险公司却不想大力推荐，因为还本险对保险公司而言，财务压力较大。这类保险看似钱领不完，像终身还本储蓄险，其实暗藏玄机，投保时切记要问清楚想仔细。

保险越早买越好吗？是的，保险通常以投保年龄为计算基准，不管是父母还是子女，越早买，不但保费越低，可提供的保障也越多。在薪水缓升、物价上涨的趋势下，父母最担心的就是孩子未来的生活。以我个人为例，在孩子成年后，我就以赠予的名义，给她们买了保险。主要的考量是，她们20多岁收入尚未稳定，无力为自己购买保险，当她们有能力投保时，保费又会变贵。为了给儿女提供保障，父母不妨在能力范围内，先为他们买保险，将来当他们有后代或者他们年老时，这张保单应该派得上用场。

常听到"拉保险"这个词，好像要靠业务员费尽唇舌、百般讨好才能"拉"来客户。的确，由于销售保险的佣金较高，金融机构业务人员（包括保险公司的业务员、销售保险的银行理财专员，甚至取得证照的证券营业员等）都极力推销保险，甚至把保险介绍成"理财万灵丹"，兼顾保障、储蓄、投资等功能，还能借出钱来。于是有些客户购买了多种保险，把自己的家庭生活支出压得很低，以应对多笔保费。

从完善家庭理财计划的角度来看，保险应回归最初的本质，即用于"保"障经济损失的风"险"，过与不及都不是好事，事前的规划和事后的梳理都应认真对待。

老板，来一份理财套餐

　　20 年前，我跟当时的银行同事设计推出了台湾第一个儿童理财套餐——"小富翁理财套餐"。银行柜台经常有父母跟理财专员说："那就来一份 A 餐吧！"不明就里的人，还以为银行什么时候卖起套餐了。

　　说起当初设计"小富翁理财套餐"，是因为我感受到父母虽有心为孩子理财，却缺乏简易的方法来进行。我观察到，像麦当劳之类的速食餐厅把薯条、饮料、汉堡等食物按不同方式搭配组合在一起，分别以"A 餐、B 餐、一号餐、二号餐"等来命名，为顾客提供简便的点餐选择，顾客只要根据各自需求说出套餐名称即可，点得容易、买得轻松、吃得开心。如果父母为孩子理财也能如此简单，该有多好！这就是理财套餐的由来。

　　更有趣的是，这个构想是我和同事在中午吃饭时，用餐巾纸写下来的，没想到理财套餐后来真的实现了。

👛 存款、基金、保险三合一

当初设想的理财套餐是将存款、基金和保险 3 种产品结合在一起。存款就是储蓄，父母可以帮孩子到银行开存款账户，将孩子平常的零用钱、压岁钱，或长辈的赠予存进去。基金投资则以定期定额的方式通过买卖基金来间接投资股票或债券，定期定额投资方法既可以平摊买入的成本，又有长期投资获利的功能，是最适合父母为孩子投资获益的方式。保险则以意外伤害险为主，家里万一遭遇不幸，可以获得相应的保险金。

以此 3 种产品来组合，是有根据的。健全的财务金融和投资决策安排，必须兼顾流动性、获利性、安全性，这是德国学者所提出的"投资三原则"。我们当初在设计儿童理财套餐时，之所以包含存款、基金和保险这 3 种产品，就是为了满足"投资三原则"。

什么是流动性？就是可以自由动用个人金钱，如自己银行账户里的存款，我们随时都可以取出来用，这就是高流动性。家里需要用钱时，我们万一无法动用自己的金钱，实在很伤脑筋。房地产虽然值钱，但很难立即变现供人使用，卖掉或向银行抵押借钱都需要一段时间，这样的资产就不具有高流动性。

家庭应留出流动性高的应急钱，以应对因家人失业、生病等产生的意外开支。一般来说，应该预备一年的家庭基本生活费，假设一家人每月基本开销是 5 万元，就该备妥 60 万元的应急钱，分别存入银行储蓄账户、购买货币市场基金、投资短期保本型产品等。

套餐能满足多重理财目的

什么是获利性？就是以本求利，为自己赚钱。会增值的股票、基金，就是获利性高的金融产品。银行存款可以随时动用，具有高流动性，但是因为利率极低，收益有限，所以是低获利性产品。

若家庭有 5 年以上不用的闲置资金，就可以用来进行风险性投资，如投资股票、股票型基金、外汇、投资连结保险、非保本型的理财产品等。必须注意的是，这些投资有可能带来较高的收益，也可能使投资者遭受亏损，因此不应该动用应急钱。

什么是安全性？指的是本金有保障，或在意外发生时能够得到补偿或赔偿。银行存款因为保本，可以说安全性很高。保险也是具有安全性的理财产品，因为它可以在损失发生的时候，提供赔偿保障。养老金、子女的教育金等有明确使用目的的钱，我们就该特别重视它们的安全性。市面上许多储蓄型人寿保险或年金险都兼具储蓄和保障的功能，不仅保本、较定存有更高的收益，当意外或不幸发生时还能提供理赔金。年金险拥有"投保人活越久领越多"的特点，在高龄化趋势下，它是保障晚年财务无忧的好选择。

在金融市场上很难找到一种产品能同时拥有高流动性、高获利性、高安全性，因此我们以套餐的方式来组合配置，理财的目的均能达到。若金融机构没有提供搭配好产品的理财套餐，自己不妨依家庭理财目的，根据上述 3 种原则寻找适合的金融产品。

花园投资法让"傻瓜"
也能赚大钱

"定期定额"是很有利的买入方式，最佳卖出方式是"止盈不止损"。只有投资标的长期表现无起色，才考虑更换。

俗话说"团结力量大"，其实时间的力量更大，尤其是在理财投资上。以存款来说，若拿 100 万元进行定存，利率为 3.5%，20 年后就会翻倍成为 200 万元。若手边没那么多钱，可改为每个月存入 1 万元，年利率同样是 3.5%，连续存 20 年，投入本金共 240 万元，20 年后本利加总可得 310 万元。

若手边没有计算器，我们可以用非常简单的"七二法则"来计算投资翻倍所需要的年数。举例来说，若将钱投资收益率为 6% 的金融产品，72 除以 6 等于 12，也就是 12 年后，这笔投资就变为本金的 2 倍。若收益率是 3%，翻倍则需要 24 年。

💰 "止盈不止损"是最佳原则

可惜，台湾的定存利率不到 1.1%，若要投资翻倍得等上至少 65 年。若孩子一出生就赠给他一笔钱存入银行，照此速度，孩子从出生到他退休，还赚不到 1 倍本金，还会被通货膨胀"吃掉"，所剩无几。因此与其把钱放进低利率的储蓄账户，不如投资收益率较高的基金或股票，虽然要承担较高的风险，但可以通过定期定额的投资方式来解决，获取更高的收益。

七二法则

以 10 万元投资收益率为 6% 的标的

72 为分子

6 为分母

$$\frac{72}{6} = 12$$

10万元　　年后变成20万元

定期定额即在固定时间，以固定金额来投资基金或股票。通过一定时间和经济周期的影响，最终产生的收益会得到优化。定期定额又被称为"懒人投资法"或"傻瓜投资术"，每月固定扣款，不管市场涨跌，不用费心选择进场时机，运用平均法降低成本，是属于中长期的投资方式。

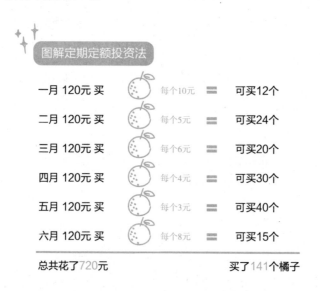

图解定期定额投资法

一月 120元 买 🍊 每个10元 ＝ 可买12个

二月 120元 买 🍊 每个5元 ＝ 可买24个

三月 120元 买 🍊 每个6元 ＝ 可买20个

四月 120元 买 🍊 每个4元 ＝ 可买30个

五月 120元 买 🍊 每个3元 ＝ 可买40个

六月 120元 买 🍊 每个8元 ＝ 可买15个

总共花了720元　　　　　　　　买了141个橘子

平均购入成本　720元 /141个 = 5.11元
若六月卖出，所得 8 元x141 个 = 1 128元
（1 128元 − 720元）/ 720元 =56.7%

获利率为 56.7%

运用定期定额的购买方式，可以在价格低的时候多买些股数，价格高的时候少买些，时间一拉长，买入的价格就可以被平均，不至于让自己买在最高点，平常也不用费心看盘寻找买入时机。由于

定期定额投资效果需要较长的时间才会显现，适合用来储存子女教育金或退休金等。

定期定额是很有利的买入方式，但买入的股票或基金又该在何时卖出呢？依我个人的经验，最佳卖出方式是"止盈不止损"，也就是绝对不要在市场崩盘、价格大跌的时候恐慌卖出，只有投资标的长期表现无起色，才考虑换成其他基金或股票。通过定期定额方式持有的基金、股票，投资者应该设止盈点，例如15%，注意平时收到的账单、报表，或利用金融机构提供的电子提醒功能，收益率一到15%就卖出。也许一等就是好几年，但平均下来的收益率应该是比定存高出许多的。

投资标的多元以分散风险

定期定额的投资金额最低每月3 000元，不算是太大的负担。就像家庭储蓄一样，帮孩子以定期定额的方式投资，长期下来效果明显。一般而言，一个经济周期至少3年时间，因此基金投资至少要达到36个月，投资者才有机会经历完整的经济周期，从中获取满意的收益。

定期定额可选择的投资标的比较多，在台湾可以买到的基金有2 000多只，股票和ETF（交易型开放式指数基金）也有上千只。原则上，所有基金都可以成为定期定额的投资标的，但一般而言，价格波动程度较高的股票型基金比较适合，尽量避免产业型基金。因为部分产业的经济周期非常长，投资产业型基金可能要花非常久的时间才能在定期定额投资方式中获利，所以在选择基金时，尽量以区域型或单一国家的股票型基金为主。

若对于要买哪只基金或股票有疑问，除了自己做功课外，也可向银行理财顾问、证券业从业人员或其他金融专业人士咨询。现在网络上有帮助挑选基金的理财机器人，也可以试试。

我个人采用定期定额的方式投资共同基金已经多年，投资标的尽量多元、分散，其间虽经历 2008 年金融危机，整体投资收益率仍是令自己满意的。我除了用此法来帮孩子储备未来教育金，也帮自己准备退休金。我常戏称此种理财方法为"花园投资法"，就像在花园里撒下多样不同的植物种子（多种不同投资标的），然后定期浇水施肥（定期定额），随着四季气候变化，植物渐渐长大，当开出美丽花朵时，就是收获时刻（止盈）。花园里的每种植物不一定都能正常健康成长，有的快有的慢，有时还会遇到天灾虫害，但因花园里有各种不同的植物，总能见到不同的姿态景致。只有永远不发芽的种子，才要忍痛移出，调换其他种子（止损）。

"花园投资法"很简单，可以轻松掌握，不用花太多精力，所以为家庭生活、子女教育忙碌的父母可以参考。

善用时间的力量，为孩子规划教育金

为子女储备教育金，往往是家庭投资的首要目的，是对孩子未来的投资，那么到底该为孩子的教育准备多少钱呢？

最近友人传来讯息，说自己高中毕业的孩子申请上美国常春藤名校。在激烈的竞争中能脱颖而出，的确可喜可贺，然而一年约200万元新台币的费用，哪是年总收入只有100多万元新台币的友人夫妇所能负担得起的？

网络上有非常多的资讯，综合目前各阶段上学费用的资料可以得出，在台湾就读高中，3年下来共需要新台币15万至50万元，大学4年下来需要新台币60万至100万元。也就是说，一个孩子读较便宜的公立高中且读完大学，起码要花新台币75万元。如果高中、大学都读的是私立学校，总费用至少是新台币150万元，是读公立学校的两倍。这些钱虽然不见得非要父母来筹措，但父母总是关心孩子的教育，觉得供孩子读书是自己的责任。

若送孩子到境外读书，所需要准备的钱就更多了。以美国留学为例，学生每年平均需要新台币 135 万至 225 万元的支出，包括学费、住宿费、交通费等。4 年下来，一个孩子在美国读完大学要花费新台币 540 万至 900 万元，的确是一大笔费用。以家庭年收入新台币 150 万元来计算，一家子要 4 到 6 年不吃不喝，才能供得起一个孩子在美国读完大学。

阶段	高中	大学	美国留学
花费 (新台币)	15万～50万	60万～100万	540万～900万

教育孩子、供孩子读书是父母对孩子未来的投资，也是父母责任感的体现。若家庭难以提供孩子教育所需的费用，该怎么办？台

湾有两种可供选择的方法，第一种是申请助学贷款，助学贷款是台湾为就读高中以上学生提供的低利贷款，目前利率为百分之一点多。学生申请助学贷款的金额，涵盖了该学期实际缴纳的学杂费、实习费、书本费、住宿费等。学生在校期间不用偿还本金和利息，可在毕业（或退役）一年后开始偿还，利息也从偿还时点开始算起。

助学贷款的申请人是学生，但银行会要求该学生的法定代理人担任连带保证人，通常是学生的父母。学生第一次申贷时，需同连带保证人亲自去银行签订额度借据。银行在受理助学贷款的申请后，将查询该申请者的家庭年所得是否符合资格。如果所得符合资格，虽然银行会向金融联征中心查询信用记录，但父母的记录基本上不会影响子女的申请结果。也就是说，即使父母已向银行借款或个人信用不佳，银行也不会拒绝申请人的贷款申请或要求申请人增加保证人。

以一位从高中到大学共计 7 年均申请助学贷款的年轻人为例，他每学期申请 5 万元，14 个学期下来总贷款金额为 70 万元。按规定，贷款年限是 14 年，乘以 12 个月，即分 168 期（每月一期）来缴纳本利摊还金额，他需要毕业一年后开始每月还款。若以贷款利率 1.69% 来算，每月缴纳金额为 4 682 元。虽然利率不高、缴款金额不大，但因期数多，对月收入三四万元的工作新人而言，仍是不小的负担。

👛 复利力量大，要尽早规划教育基金

要注意的是，由于很多学生在毕业后忘了和银行保持联系，自己不自觉地违约了，也来不及申请缓缴或延期。因此，申请了助学贷款的学生和担任保证人的父母，千万不要忘了还贷款。万一逾期未还款，承贷银行就会将贷款人的欠款资料提供给联征中心，联征中心会将其列为金融债信不良往来户，并将信息开放给符合资格的金融机构或单位查询，这会严重影响个人信用记录，贷款人日后向银行申请支票、信用卡、房屋贷款或信用贷款等，都可能被拒绝，所以不能不谨慎。

第二种方法是运用家中既有的房产或金融资产（例如人寿保险）做抵押品向金融机构借钱。即使家里因购买房产仍然背负着房贷，只要银行在规定的贷款额度内愿意承办，父母也是可以向银行以房产为担保品申请房屋贷款，借钱来供孩子读书的。此外，父母为自己或家人所买的人寿保险，也可以在现金价值范围内，向人寿保险公司申请保单贷款。

在西方国家，由于学费较高且为培养孩子的独立生活能力，父母往往要求孩子在大学时就以打工、申请助学贷款或奖学金的方式，为自己筹措高昂的学杂费和生活费。

为孩子借钱上学，并不是让父母感到难为情的事情，而是家庭理财的一部分，也是对子女未来的投资。建议父母未雨绸缪，尽早

规划子女的教育金，例如运用定期定额的方式买基金或股票，利用复利的力量，从孩子小时候就开始准备。若需要借钱，父母可以利用低利率或家中的已有资产申请贷款，帮助孩子得到更好的教育，发挥所长，开启更好的人生旅程。

金窝银窝不如自己的"狗窝"

房地产价格居高不下，这虽然给很多年轻人造成很大的压力，但若能通过已增值的既有房地产来理财，高房价就成了优势。

最近看到一句逗趣的房地产广告语："你和岳母的距离只差一套房，没有房，你只能叫她阿姨！"现在，年轻人最大的压力来自买房，房价太高，年轻人买不起，只能放弃或以租代买，这不仅降低了年轻人的成家意愿，还会使他们对经济环境产生不满。

房价为什么越来越高？原因当然很多，其一是货币宽松政策。2008 年金融危机后，货币政策趋向宽松，资金流向保值和增值潜力高的房地产，推高了房价。其二是"炒房"盛行，房地产的稀有性让"炒房"有利可图，投资者把房地产当商品买来卖去，"炒高"价格。

高房价时代，不如活用手边资金

算一算，我们的孩子长大后若想要在一线城市的市中心买房，可能要花一辈子积攒的钱。多数中国人都想拥有自己的房子，然而为了还房贷，牺牲生活品质，最终成了为房子打工的"房奴"。我们是否可以换一个角度思考，以租房代替买房，充分活用手边的资金呢？

台湾在少子化趋势的影响下，房屋将供大于求，租金应会走低。我们是否可以将薪水的一部分用来付房租，再将扣除固定生活费用之后的部分进行投资理财，或者投资自己，通过学习、旅游增长见识，以便获得在未来能赚取更多收入的机会？

"家"这个字的上面是一个"屋顶"，不管是租、是买，家的选择很重要。每次我抱怨女儿的房间像"狗窝"，老是不整理、乱得不像话，女儿总回嘴说"金窝银窝，比不上自己的'狗窝'"。没错，自己的"狗窝"舒适便利，不一定贵才好。我有一位贵妇同学，她原本住豪宅，却因周边开了知名夜店，晚上舞曲吵闹，加上去便利店买东西还要过两条大马路，而决定搬到传统社区。对她而言，虽然价值上亿且品质优越的豪宅可以保值获利，但若不能带来真正的自在便利，"金窝"就比不上"狗窝"。

资产也能变成可用资金

在我们选择合适的住宅时，孩子的照顾和教育是重要的考量。古时"孟母三迁"就是为了要找到适合孩子学习的居住环境，这个道理至今适用。为了孩子，安全的住家环境、方便照护的亲友互助网络、和睦的社区邻里关系，以及良好的学校教育，是父母选择住家地点时最看重的要素。

如今房地产价格居高不下，虽然给很多年轻人带来压力，但从另一角度想，若能通过已增值的既有房地产来理财，为家里提供更多资金，高房价就成了优势。

当家庭有资金需要时，若已拥有住宅，便可以活用资产将其变成可用资金。只要房贷已还清或已还到一定程度，就可以现有的房地产价值做担保向银行借出一笔可活用的资金，作为家庭支出的来源。该资金也可以随借随还，借出后计算利息。这种贷款的利息相对其他贷款（如个人信用贷款）会低许多，因为有房地产价值做担保，而且近十多年银行贷款利率走低。

很多高龄长辈住在高房价的老房子里，却无法享受高房价的好处，台湾的房地产已可以用来帮助高龄者获得生活资金。台湾人若担忧自己或双亲年老时钱不够用，可以考虑向银行申请"反向房贷"（全名为"住房反向抵押贷款"）。这种"以房养老"的做法，是指已经拥有房屋产权的老年人可将房屋产权抵押给银行、保险公司等金融机构，待综合评估后，金融机构按房屋的评估价值，按月或按年支付现金给借款人，持续到借款人去世，再依据房产价值和未清偿贷款的余额与继承人协商进行后续安排。

家是一辈子的"窝",即使是"狗窝",也该好好选择、好好维护。房地产作为家的"壳",有很多相关的理财知识和运用方法等待大家来挖掘。

"卡奴"也有春天

网络购物盛行，移动支付蔚然成风，在电子货币的新时代，正确使用信用卡的好习惯不可少！

"卡奴悲歌——一家四口烧炭亡"，这是2006年2月台湾一则社会版新闻的标题。当时，一对台湾夫妻被人发现带着一双儿女，在一家汽车旅馆内烧炭自杀。警方从现场的笔记本、多张信用卡及现金卡转账通知单初步判断，这可能又是一个"卡奴"无力偿还卡债所引发的悲剧。

看着惨痛的新闻，想起曾努力为银行推销信用卡的我们，虽尽职尽责达到工作要求，却间接助长了信用卡不当借贷的歪风，导致悲剧，心中不胜唏嘘。

1997年亚洲金融风暴之后，台湾地区银行的金融业务大幅萎缩，于是开始学习外资银行，将业务重心转移到个人消费金融上。为了争取客户、鼓励年轻人办理信用卡和现金卡，银行进行了大力宣传，并聘用大批业务人员招揽客户。为了提高办卡量，发卡银行的征信审核机制很宽松，金融监管单位也疏于监督，于是几乎每家银行都在"双卡"的业务量上创新高。

💰 "双卡风暴"引发社会不安

信用卡和现金卡成了银行的金母鸡，银行投入了更多的广告营销预算，高喊"有卡在手，不用求人就有钱花"，鼓励大众需要钱时就来申请，无论是因为买名牌、玩乐、餐饮消费、投资生意、偿还旧债，还是因为看病就医、为孩子缴学费等。即便是没有工作或收入微薄的人，也能在银行的大力推销下，申请到一堆可以"先用钱后还款"的卡。

超出还款能力却办卡借钱，最终的后果是产生了一群背负巨额债务却还不起的"卡奴"。发卡银行收取高利息和办卡的费用，导致"双卡"债务人负债累累，加上银行不当催收或委外催收，暴力讨债事件频发，不少债务人因不堪负荷而自杀。银行向"卡奴"催讨不到卡债而亏损，产生巨额的"双卡"坏账损失，严重影响了金融业务的发展及银行的股东权益。

台湾"双卡风暴"发生在 2005 年，当时不懂理财、过度借贷、卡债缠身的年轻人不堪重负，甚至祸及家人。为帮助逾 80 万的"卡奴"解决严重的卡债问题，台湾有关方面制定了与消费者债务清理相关的规定，通过清算等程序减轻"卡奴"的负担，并且加快完善有关破产的规定，为无力还债的"卡奴"解决困难。

然而，"双卡风暴"的破坏力已扩及下一代，台湾又成立了"关怀卡债族扶助工作小组"，采取发放儿童紧急生活抚恤金、扩大民间团体提供照顾的范围、增加地方社会人士的服务等措施，帮助家庭困难的卡债债务人。虽然历经风暴，"卡奴"依然有春天！

👛 留心子女的刷卡习惯

经过卡债风暴的惨烈侵袭和时间的沉淀，信用卡逐渐回归支付工具的本质。台湾信用卡的刷卡金额逐年增长，目前已突破 2 兆元，显示出台湾人已建立起信用卡是"支付"工具而非"信用"工具的观念，正确使用信用卡的习惯已渐渐养成。

我们这一代父母经历了卡债风暴，对子女申请和使用信用卡会更加留心。现在网络购物盛行，移动支付蔚然成风，孩子成长在电子货币的新时代，为了消费而申办信用卡往往有必要。台湾的银行规定，年满 20 岁的成年人才可以自己申请信用卡，未成年人如果有需要申请信用卡，可由父母为自己办理一张附属信用卡（附卡），附卡申请人的年龄须满 15 岁。父母为未成年子女申办附卡通常是因为子女在外旅游、留学，便于掌控孩子消费状况等。需注意的是，主附卡的信用额度是合并计算的，还款也须一起还。

如果还在上学的孩子年满 20 岁，想自己申请信用卡，发卡银行会根据申请人的经济状况和资格来审核。以台湾银行为例，年收入须达 25 万元。为了保护年轻学子，台湾规定，对学生核发信用卡的机构以 3 家为限，且每家发卡机构所核给的总额度不得超过新台币 2 万元，同时严禁发卡机构对学生促销或推荐信用卡。

若子女真有使用信用卡作为支付工具的需求，又没有资格办理信用卡主卡或附卡，可以向银行申请借记卡（如维萨金融卡），这是一种整合取款和刷卡消费功能的卡，可以在台湾取款、转账，也可在世界各地贴有国际发卡机构（如维萨）标志的商店，进行刷卡消费。借记卡和信用卡在支付功能上是相同的，最大的不同是借记卡在刷卡消费时会直接从持卡人的银行存款账户扣款，账户有多少钱就能刷多少钱，不用担心忘记还款产生滞纳金。

用压岁钱练习理财

用压岁钱进行理财，具有开启理财之旅的意义。

一到过年，孩子们最快乐的事情莫过于领压岁钱了。记得小时候，我一想到有压岁钱可以领就暗自欢喜，并想象用压岁钱买什么、做什么。当时最气的就是长辈之间互相抵掉彼此给孩子的压岁钱。例如妈妈和婶婶说："你不用给我两个孩子压岁钱，我也不用再给你两个孩子压岁钱了。"这种互相抵掉压岁钱的做法真是苦了孩子、乐了妈妈。当时我便发誓，长大当了妈妈，绝对不做这种事！

等到自己当妈妈，进入金融界，才更了解压岁钱的理财意义。除了要考虑该怎么给晚辈压岁钱、怎么管理孩子拿到的压岁钱，我也尝试过压岁钱的另类给法。

为孩子开一个专属的账户

农历春节，父母领了年终奖，钱包鼓鼓的，正是为孩子进行理财的最佳时机。孩子在春节期间领到的压岁钱或许不太多，也不一定愿意交出来让父母使用，但用压岁钱来进行理财，具有开启理财之旅的意义。

懂得什么是压岁钱的孩子总希望能自行支配压岁钱，这时父母可根据孩子的年纪，决定或商量压岁钱有多少该"缴库入公"（交父母保管或运用），有多少可以让孩子自行使用。倘若孩子还小，不懂得什么是压岁钱，建议父母"专款专用"，把属于孩子的钱归到孩子账户。孩子出生有了身份证号，父母就可以帮孩子到银行开立存款账户。

将亲友赠予孩子的金钱（压岁钱、节日或纪念日的礼金、其他赠予金等）存入孩子的存款账户里，将此账户作为由父母代管的孩子的第一个账户。有别于以父母名义开立的账户，此账户里的钱是专属于孩子的，父母在孩子成长过程中可以代为管理，为孩子进行储蓄、理财和投资。当孩子成年后，由于法定的账户所有人是孩子，里面的存款理所当然是孩子个人的财产，孩子可以自由支配。

除非孩子不当或非法使用可自行支配的压岁钱，父母最好对使用方式不要有太多意见，一来让孩子得以有一笔钱来满足自己的愿望，二来借由压岁钱的规划及使用让孩子积累理财经验。

父母将压岁钱"缴库入公"后，如果是祖父母等长辈给的较多的压岁钱，建议专用在孩子身上，例如用于教育、旅游等，不要与父母的消费混在一起。若要以此为孩子进行理财或投资，除了"缴库入公"的压岁钱以外，父母也应做出预算，在新的一年再准备一笔钱，作为自己给孩子的赠予，转入孩子的账户以用于该年度的储蓄、投资及购买保险。例如，为孩子购买定期定额基金，1个月3 000元，一年12个月，就需准备3.6万元。如果孩子已经有6 000元压岁钱，另外3万元就由父母补充，以供账户扣款。

💰 发压岁钱的创意更有意义

一次乘出租车，跟司机聊天，他说过年压力很大，家里孩子多，一发压岁钱，就是一大笔。的确，这是人情往来，不给不行，但是给一两百元，大家又不见得感受得到，该如何是好？

其实，发压岁钱也可以有创意，不限于给现金，餐券、旅游券、电影票等也都可以。最近流行用外币给压岁钱。"哈韩"风潮下，孩子们收到韩币的压岁钱，会感到新鲜有趣。到银行里换韩币现钞，以2018年5月的汇率计算，1万元韩币约等于新台币277元。韩币以后出境用得上，这样还能学习外币兑换知识。

我自己就曾换过特殊的纪念币来发压岁钱，那是有赛德克族抗日英雄莫那·鲁道人像的 20 元硬币。这种硬币是可流通的法定货币，金额不大，孩子们却感觉新奇又有纪念意义。父母可以思考压岁钱的其他给法。

人生的第一桶金

　　人生的第一桶金是由自己努力奋斗，加上策略、运气所赚取的第一份资产，用这象征里程碑的目标来增强自信心，督促自己向前冲刺。

　　身家 2 300 亿元新台币的鸿海董事长郭台铭，在 20 世纪 70 年代以电视塑料旋钮这项简单的塑料产品，借助国际贸易发展的飞速气流，赚到人生第一桶金。身家 9 800 亿元新台币的亚洲首富李嘉诚也以经营塑料制品起家，当年的塑料花远销欧美，大获成功，为他赢得"塑料花大王"的称号，也为他赚得人生第一桶金。身家 6 倍于鸿海郭董的脸书创办人兼首席执行官马克·扎克伯格 20 岁从哈佛休学，开始拼搏事业，不仅创造性地改变了全球的社群网络科技，影响全球人与人的交流，更为自己赚到人生满满的第一桶金。

　　人生的第一桶金，用金额来计算，应该是多少？每个人的答案都不同。有人认为是 100 万元，也有人认为是 1 000 万元。无论金额多少，第一桶金是由自己努力奋斗，加上策略、运气所赚取的第一份资产，用里程碑式的目标来增强自信心，督促自己向前冲刺。

👛 认真创业，积极理财

赚到第一桶金就像第一学期期末考得满分，能激励自己继续努力，争取以名列前茅的成绩毕业。人生的第一桶金极具重要意义，有了目标，才能专心，才能奋力向前。

不是人人都能成为郭台铭、李嘉诚、马克·扎克伯格，但人人都想尽快拥有人生的第一桶金。不靠父母，年轻人如何赚取自己的第一桶金？假如自己第一桶金的目标是100万元新台币，该如何来达成目标呢？

第一种方式是创业。成功的企业家都是靠坚毅无畏的创业精神，打拼出"一片江山"的。人生的第一桶金若要靠创业获得，就不能害怕创业过程中的挫折和失败。创业需要敏锐的产业观察力，更需要有独特的商业模式。创业不能没有钱，郭台铭创办鸿海就是由郭母向亲友借来10万元新台币支持的。年轻人创业借不到钱，向家人亲友请求资助是很普遍的做法，然而投资创业极具风险，有的甚至血本无归，因此父母借给子女创业资金，最好有"打呆账"的准备。好的例子是从前的一位银行贵宾客户年轻时借给其姐夫几十万元办厂，20年后姐夫的企业发展很好，获得外商高价收购，这位客户卖出股份拿回几千万元，投资收益率是一百倍。

第二种方式是投资理财。赚钱有两种方法，靠人赚钱和靠钱赚钱。投资理财就是用钱替自己赚钱。我认识的不少大学生曾报名参加股市模拟投资竞赛，用虚拟的方式先为自己积累股债期权等各种金融投资工具的操作经验；有的大学生拿自己的打工所得投资股票或共同基金。精准的投资理财是要投资人做足功课的，并具备风险意识和胆量。我有一位财务金融研究所毕业的银行同事，下班后就研究境外期货权证，拟定策略后下单，结合所学与实务经验，现所积累的投资盈余已距第一桶金的目标不远了。

立志要趁早

第三种方式是经营房地产。我认识的有钱人中，通过房地产致富的最多。房地产不只是投资标的，也代表人们对家的期待和对幸福的憧憬。很多人觉得房价过高，对买房望而却步，其实经营房地产有买卖、出租、预售、中介管理等多种方式，还可以用贷款来减轻资金压力。我有一位音乐专业毕业的友人，退役后喜欢到处看房，于是与朋友集资投资金额较低的中古公寓，改善老旧状况，重新装修之后出租或等待时机出售，现在已成为房地产达人，赚了好多钱。然而经营房地产不能只凭兴趣或喜好，对房屋市场、经济环境、税务知识等都要投入相当的精力，也需身体力行，勤加看房、广结人脉，增加精准投资房地产的机会。

　　若对以上方式都不感兴趣或无法运用，还有第四种方式，也是最重要的方式，即投资自己。台湾的上班族处在长期低薪环境中，加上职场竞争激烈，晋升跳槽困难，想要突破，只有靠自己。增加职场竞争力的方法主要是学习外语及企管知识，提高专业技术与取得资格证书等。此外，多花时间与主管同事沟通，形成共识，培养团队的合作精神，提升自己的工作绩效，争取得到职场伙伴的认同、赞赏，升职加薪自然有望。

　　尽管以上赚取第一桶金的方法不保证一定成功，但若不确定目标就开始行动，只能靠"买彩票中奖"了！

第四章
怎么把钱留给孩子

你永远不知道惊喜与意外哪个先来，
提前准备才能高枕无忧。

让自己辛苦赚得的财产，依自己的意愿，
照顾到想照顾的人，是一门艺术。

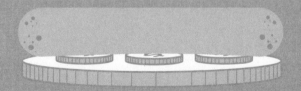

少子化的忧虑

人口数的多少，其实与经济实力没有直接关系，因此问题不在于人口数变少，而在于少得太快！

我80多岁的母亲，家里有12个兄弟姐妹；50多岁的我，同学的兄弟姐妹普遍是三到四人。在我小学时，台湾喊出"两个恰恰好，生男生女一样好"的口号，我家最听话，只生了两个女孩，完全没有重男轻女的观念。如今少子化成为台湾严重的问题，平均生育率只有1.1，也就是每个家庭平均只生一个孩子。

小孩越生越少，马英九曾说"少子化关系到台湾的安全问题"，真的有这么严重吗？以前台湾鼓励民众少生小孩，现在又产生少子化问题，究竟少子化带来了什么忧虑？与台湾地区面积差不多的荷兰，人口只有台湾的3/4。台湾地窄人多，人口数减少一些，不是可以让大家的居住空间和享用的资源多一些，从而提高人们的生活品质吗？

人口数陡降影响深远

人口数少，并不会造成太大的经济问题；人口数的多少，其实与经济实力没有直接关系，但是人口结构失衡太快，原先确定的财政、教育、医疗、劳动力等与人口相关的制度、办法无法应对新情况，就会对社会产生很大的冲击。因此少子化的问题不在于人口数变少，而是少得太快。

预算会将预估的人口数，作为规划的前提，如果没有料想到出生率会降低，之前所做的软硬件建设就可能无法符合现在的需要。小孩越生越少，老人却越来越多，教育资源闲置浪费，照护体系又未及时建成。

很多发达国家和地区都有少子化问题，如德国、日本、新加坡，其生育率只有 1.15 至 1.3（2015 年）。

大陆虽然有 1.67（2015 年）的生育率，但在之前独生子女的政策下，少子化状况可能会凸显，一个小孩现在虽然有 6 个大人在抚养（父母、祖父祖母、外公外婆），等父母及祖辈年老时，孩子就要倒过来一个人养 6 位长辈。人口金字塔翻转速度过快，对人口制度形成严峻挑战。

我身边就有许多结婚六七年的夫妇表示不想生小孩，生育率降低，除了生理上无法生孩子，更多是心理上没有生孩子的意愿。

大家为什么不想生小孩？有人告诉我："生养孩子很花钱！"

（专家统计，把一个孩子养大成人，起码要花新台币 500 万元。）"我们夫妇自己过得好好的，干吗多个孩子影响二人世界？"（万一孩子是"磨人精"或身体不好，岂不拖累？）"没人可以照顾啊！"（长辈住得远，无法就近帮忙。）"孩子出生以后，我们就得一辈子担惊受怕！"（天下父母永远要担忧孩子。）"我们要专注于事业，哪有时间生养孩子？"（工作压力大于传宗接代的压力。）这些回答从侧面反映出现代夫妻不想生养孩子的原因。

兼顾人口质量的挑战大

少子化的两个重要原因是不婚和不孕。社会价值观已发生改变，结婚并非人生的必然选择，因此生养孩子也可以免了；不孕则是现代人高龄生育和环境恶化的结果。

不管是不想生还是生不出来，少子化关我们什么事啊？有些家长还会想："人口变少，将来我的孩子也许不会面临那么多竞争。"少子化如何影响我们孩子的未来？如何改变他们的生活和财富？恐怕不只"减少竞争"这么简单。

首先，赡养老人的成本大增，以前有兄弟姐妹多人分摊，以后可能只有独生子女来照顾父母，经济上和时间上都更有压力。

其次，老龄化的趋势下，孩子自己变老后，单靠自身的金钱和能力恐怕无法妥善照养自己，台湾的相关机构也因为劳动力和缴税人口的减少，难以有足够财源充分照顾年长者。

人口变少，人力资源短缺，消费市场萎缩，于是经济趋缓、衰退，这样一代代的少子化趋势发展下去，问题只会更严重。少子化趋势导致的问题都将大大影响我们孩子的未来，因此说少子化关系到台湾的安全，并非没有道理。

为了应对少子化问题，台湾有许多设想及方案，如提供生育补助，并承诺尽快完善相关办法、有效执行相关措施来达成短期生育率目标——1.6（让老年人口与幼年人口平衡的合理替代率），并进一步达成生育率 2.1 的长期理想目标。

个人也应该意识到少子化的严重性，而不是只靠相关机构单方面来解决。父母如果担心孩子未来的生活环境，就应努力多生育或鼓励亲友多生育。

当然，除了解决少子化问题，使人口数得以有效控制外，父母的"教养品质"也是很重要的。如何兼顾生孩子的数量与教养的品质，是现代父母最大的挑战！

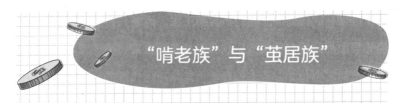

"啃老族"与"茧居族"

没有父母希望自己的孩子成为"啃老族"或"茧居族"，若家里真的出现蜗居家中无法独立生活的成年子女，父母应该怎么办？

日剧《卖房子的女人》是我很喜欢的职场题材的电视剧，其中一集描述了"茧居族"的故事：30多岁曾在大企业上班、有外派经验的良树，在职场上遭遇巨大的挫折，从此变成足不出户的"茧居族"。他窝在自己房里，平日靠电脑与外界沟通，吃饭靠父母送到房间门口，买东西靠网购，拒绝与人面对面交谈，连与住在一个屋檐下的父母，也长达十几年没见过面。

这样的状况持续太多年，父母都变老了，为了节省开销养老，他们决定委托房屋中介人卖旧房买新屋。令我印象深刻的一幕是，为了"逼迫"良树出来沟通卖房的事，房屋中介人使出谎报火灾的招数，这位"茧居族"才终于"破茧而出"。

"茧居族"指待在家里半年以上，不工作、不上学，也不社交的年轻人。日本统计出这类人高达 100 万，但不是日本独有，很多国家和地区都有"茧居族"。调查发现，美国、韩国、西班牙等国家都有茧居生活者的记录，台湾地区也同样有青少年或青年"茧居族"。孩子为什么会变成无法离开父母、终日待在家中、不善与人交际的"茧居族"呢？文化人类学家认为，"茧居族"并非懒惰，其成因包括遭逢挫折、不适应学校和职场、生病、对人际关系失去信任等，为了应对这些状况所带来的压力，而产生"瘫痪式"的焦虑，变得越来越退缩。

与"茧居族"类似的是"啃老族"，他们能工作却不工作，靠"啃食"父母财产生活。我有一位老同事曾向我诉苦，说他 40 多岁的大哥身强体壮、学历正常，但就是不肯工作、不结婚生子，平日与父母住在老家，无所事事。他的大哥跟他说："我在家也只是让爸妈多添双筷子多做口饭，不会给爸妈添太大麻烦。"同事听了很无奈。

"啃老族"的成因来自内在家庭和外在环境两个方面。内在家庭方面，许多家庭习惯宠溺孩子，经常在金钱上给予资助，孩子误认为"这辈子有靠山"，缺乏动力找工作养活自己；父母持有家族财产的传承观念，孩子认为"你们的财产迟早是我的"，于是不肯打拼，不愿独立生活。外在环境方面，台湾经济产业面临困境，经济差，工作难找，找到工作的年轻人长期都是低薪，且失业率居高不下，家庭价值观改变，年轻男女晚婚或不婚的趋势加剧，种种外在环境的冲击，使年轻人选择了回家当"啃老族"。

没有父母希望自己孩子变成"啃老族""啃食"家中财产，或变成"茧居族"把自己隔绝起来，若家里真的出现窝在家中无法独立自主生活的成年子女，父母应该怎么办？

若孩子失业在家"啃老"，父母要先了解原因，孩子是不想工作还是找不到工作？若属于不想工作，父母需要进一步了解孩子不想工作的原因，是在求职过程中遭受挫折，对职场有高度的恐惧感，还是不在乎工作带来的收入或成就。若子女确实找不到工作，父母要了解年轻人是否眼高手低，不能学以致用，或者是否缺少工作需要的资格和条件。

不管是"不想工作"还是"找不到工作"，只要找出原因就可以提供针对性帮助，让孩子以渐进方式找工作。例如，先找到符合兴趣与资格条件的兼职或志愿者的工作，把时间拉长，增加稳定性。但是父母也要注意，在鼓励子女求职的同时，要避免通过人脉帮忙安排工作，使子女被公司贴上标签，也要避免和孩子只谈与工作相关的话题。失业的年轻人压力很大，父母应多倾听、给建议，以鼓励代替唠叨，以关心代替责骂，这样才能帮子女走出失业危机。

若子女成了"茧居族"，如何让他们"破茧而出"？心理医生建议父母协助子女培养心理韧性。心理韧性是正面的心理特质，能让个人在艰难和高压情况下，继续相信自己，保持从容淡定的态度。父母可以寻求专业人士的帮助，习得增强心理韧性的技巧和方法，协助茧居子女走出困境。

《卖房子的女人》中"茧居族"良树最后成功搬入新家，成功克服心理障碍，寻回生活的重心和工作的价值，但是他还是没有脱离茧居的生活，仍在自己的房间里工作、吃饭、运动（房间有供攀岩的墙），并开博客成了网红，大谈"'茧居族'生存之道"，找到工作的意义，也有了收入。我衷心希望有"啃老族""茧居族"的家庭都能像此剧一样有美好的结局！

亲爱的，你准备好
"养老防儿"了吗

退休后养老用的钱必须是有流动性的，即随时可使用。心态上，父母也要自立自强，不要寄希望从子女身上得到回报。

年届半百，我的同学、朋友的儿女大多已成人，所以时间多半花在照顾自己的年迈父母上。同学戏称我们是"养儿防老"的最后一代，"养老防儿"的第一代。我们这代人的兄弟姐妹大都有三四人，大家分摊赡养父母的责任，但我们的子女多半只有一两个，孩子的未来不可知，我们想要退休安养天年，必须自立自强靠自己，还要做好风险控管，保财"防儿"。

我们这代人普遍存在传宗接代、养儿防老的观念。传统上，我们一辈子都在为别人而活，生活重心从不在自己身上：小时候，是为了父母的期望而活，成家有儿女以后，是为照顾子女而活，年老的理想是儿子事业成功、媳妇贤淑孝亲、女儿关心娘家、女婿疼爱家人，家中父慈子孝、兄友弟恭，即阖家幸福美满。

🪙 养老金要提早备齐

然而，现实中家家有本难念的经，每个家庭都在上演不同的连续剧，有悲喜剧，也有惊悚剧。不管自己是如何被传统观念影响的，面对老龄化、少子化等社会趋势，新一代的父母必须跟"养儿防老"说再见，开始准备"养老防儿"。

先说养老，根据 2015 年的资料，台湾人的寿命逐渐延长，平均为 80.2 岁。据计算，台湾人起码要预留 20 年的生活费。假设每人每月基本生活医疗照护费用为新台币 5 万元（这是小康版），而且没有通货膨胀（也就是不会超过 5 万元），养老费用每人就高达新台币 1 200 万元（5 万元 × 12 个月 × 20 年）！朋友，你准备好了吗？

一般台湾人的养老金来源包括工作单位给的退休金、自己与配偶积累下来的金融资产（如存款、股票、基金）、退休年金、子女的孝亲费等。其中，对退休年金和子女的钱不能有太大的依赖，工作单位给的退休金则根据个人职业属性和工作资历表现而不同，因此能掌握在自己手中的，就剩下一辈子积累下来的金融资产。

退休后养老用的钱必须是有流动性的，即随时可使用。有些长辈有房有地，但手边存款不多，房子和土地又不能即刻兑换成现金，在准备养老金时，要做好资产类别规划，注意金钱的流动性。

倘若一个人要准备新台币 1 200 万元，夫妇两人就要 2 400 万元。若夫妻只有一人工作，可以拿到 600 万元退休金，在不依靠机构和子女的前提下，夫妇俩在退休前就要准备 1 800 万元来供退休后使用。假设从 40 岁开始积攒，那么每年要存下 72 万元，平均每月 6 万元。然而 40 岁的夫妇要为养家、养小孩奋斗，既要筹备子女教育金，还要为赡养年迈双亲支付种种费用，常常忘了每月必须留给自己 6 万元的养老金。

自立自强，不寄希望于孩子的回报

再说防儿，最近听到一位母亲和儿子订立契约的真实案例：母亲花了 2 000 万元栽培孩子留学学医，儿子成年后，母亲与其订立契约，要求儿子成为医生后从收入中抽成偿还，儿子儿媳若不孝顺，还要依约赔偿或抵扣其他财产的继承权益等。儿子不依，与母亲对簿公堂。防儿至此，令人不胜唏嘘！

事实上，防儿是有层次的。首先，父母要以自立自强能养活照顾好自己为基础，不寄希望于孩子的回报，同时小心防范孩子持续把自己当提款机，花费自己辛苦攒下的养老金。虽然亲情日益淡薄，遗弃年迈父母的事件时有发生，但父母也不必"防儿如防贼"，对子女要求苛刻。过与不及，都不是好事。

有人说，快乐养老、享受退休生活需要"五老"来支撑，包括老伴、老房、老体、老友、老本。与其把鸡蛋放在一个篮子里，期待子女照顾自己至人生尽头，不如多把心思放在"五老"上面。

家有三宝，居家保障不可少

天灾人祸频发，我们需要房屋住宅保险、汽车保险、第三方责任保险等，以应对可能发生的损失，每个家庭都不能轻视。

在台湾，以前孩子都能朗朗上口的是"东北有三宝，人参、貂皮、乌拉草"，现在的孩子则会搞笑地说："台湾有三宝，劳'保'、健'保'、二九九元吃到'饱'。"

说起三宝，每个家庭也应该有"三保"：房保、车保、责任保。天灾人祸频发，我们需要足够的保险来应对可能发生的损失，如台湾有房屋住宅保险、汽车保险、第三方责任保险等。

依自身状况选择合适产品

台湾的住宅火险为一年期保险，投保人每年都要续保。台湾规定，购买住宅火险必须加保地震险，以应对不同事故的损害。住宅火险理赔范围通常包括房屋的重置费用、建筑物内的装潢费用、清除费用、临时住宿费用、盗窃理赔金等。

民众办理房屋贷款时，贷款银行会要求房屋抵押品必须加保火险和地震险。一旦发生意外，保险公司会优先理赔给银行，有多余的理赔金才会赔给贷款人。然而，银行要求投保的火险、地震险，就足够了吗？若房屋没有贷款，就不用投保了吗？

一般来说，有孩子的家庭办理购房贷款的较多，房主应银行要求必须投保火险，而且大多以贷款金额作为保险金额。其实不论是否有房贷，我建议依造价投保，而非依房贷金额。因为台湾房贷的抵押品包括房屋与土地，土地并不需要保险，若依照房屋贷款金额投保，可能有浪费保费或保额不足的情形发生。

银行要求住宅必须加保的火险、地震险，对火灾时受损最严重的建筑物内的装潢保额通常不高，地震时房屋倒塌一半以上才有理赔，因此不少台湾产物保险公司推出了增加保障项目的综合居家保险套装产品，依照保户需求调整动产与不动产的理赔比例，扩大地震险的保障范围，增加了对罢工、暴动、骚扰或恶意破坏行为等造成损失的风险保障，扩大第三方责任保险承保范围，扩大住户伤害险保障范围等。我建议一家之主可多加比较，依自身住宅状况选择合适的保险产品。

🏦 责任险是保护自己

出门，我们常驾驶汽车，万一发生事故，不管是剐蹭碰撞、失窃或损坏，车辆维修和人员受伤医治所需费用均不少。台湾的车险分为强制险与任意险，强制险为政策性保险，仅含基本医疗及死残给付。若需要车辆维修或发生意外事故造成第三方的财产损失，车主需要增加任意险保障。我建议从风险及预算两方面，规划合适的任意险保单，以分摊车祸风险。

一般家庭对住宅火险和车险不陌生，但对责任险可能就不熟悉了。台湾的责任险指的是被保险人对于第三方（对被保险人享有损害赔偿请求权的被害人）负有民事赔偿责任时，该责任转由保险人（通常是保险公司）承担的一种保险。台湾的食品包装袋上常印有"本食品投保××保险公司500万产品责任险"字样，表明企业投保了责任险。消费者一旦吃出问题，这家保险公司就会替此食品企业进行理赔。

企业有购买责任险的必要，那一般家庭呢？如果不购买责任险，万一住宅不慎起火殃及邻居或驾驶汽车祸及他人，就可能没有办法合理地赔偿对方。据统计，因车祸死亡的理赔金大多在300万至500万元之间，实际理赔金高于1 000万元的案例不胜枚举。因此只要家里有人开车，购买责任险就有必要性。强制险的保障往往不足，不妨加买保费相对划算的责任险来提高保障额度。例如，加买 500 万元保障的责任险，一年保费约 3 000 元，就能在车祸发生时负担起巨额理赔，不至于影响生活与工作。

第三方责任险可以保护我们的财产，并能赔偿被我们不小心伤害的受害者。"财产保险"往往是"保"到用时方恨少，所以第三方责任险绝对不能少，我们购买住宅火险和车险时，千万别忘了这第三"保"。

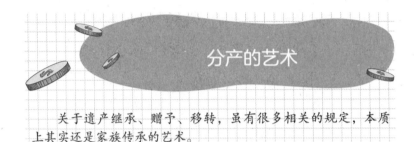

分产的艺术

关于遗产继承、赠予、移转，虽有很多相关的规定，本质上其实还是家族传承的艺术。

新闻中常有为了争家产，姐妹不和、兄弟反目的事件。很多富豪家族的董事长虽然在生前已做了财产分配，但去世后子女对分产方式有争议，甚至不惜对簿公堂。其实，家族不管有多少钱，都容易有分产问题。平日相处和睦的家人，一旦涉及财产，难免计较。

家族如何分配财产，受社会文化、传统、习俗影响很大。台湾地区约定俗成的分产做法是分子不分女，子女比例不同；日本的传统做法是长子继承家产，同时要承担照顾年迈父母的责任。这些做法体现了重男轻女的观念，对女性较为不利。

在高中毕业 30 年的同学聚会上，我的一群近 50 岁的好友在聊起家庭财产分配的话题时，多是抱怨。女儿大多孝顺且常照顾年迈长辈，但在分产时，经常以"爸妈已经给你嫁妆"的理由被排除在财产分配名单之外。究竟这是规定的还是约定俗成的传统？

在台湾，为了保障继承人的权益和日后的生活，遗嘱人能以遗嘱方式自由处分遗产，但不得违反关于"特留份"的规定。"特留份"是指在分配遗产时，被继承人必须遗留其遗产的一定部分给其他继承人。例如，年迈的父亲生前立遗嘱交代把存款和房子都给儿子，认为女儿嫁出去时已给了嫁妆，不必再留财产给女儿。实际上，女儿分到了父亲的遗产，也就是取得了"特留份"。但是，若女儿主动放弃继承权，或对父亲有不当的行为，如胁迫、不孝、侮辱等，则会丧失继承权，连"特留份"也拿不到。

预立遗嘱少纷争

若父母想充分掌控财产的支配权，不想按照规定分配遗产，就必须在生前通过赠予或预立遗嘱等方式先行支配。生前就将财产传给子女，一般是基于节税的考量，若担心提早分配，自己老后生活没有保障，则可寻找专业的金融机构，运用"退休安养信托"方式，从财产中提拨专款作为养老生活费、医疗费及养护费。

被继承人想要依据自己的意愿进行分产，可以预立遗嘱。台湾的遗嘱形式有 5 种：自书遗嘱、公证遗嘱、密封遗嘱、代笔遗嘱、口授遗嘱。每种方式都有相应规定，符合规定的才是有效遗嘱。

被继承人立遗嘱后，要确保遗嘱的执行效力，避免去世后财产被挥霍或遭他人侵占，我建议在生前安排遗嘱信托来掌握财产的分配自主权，确保执行效果。遗嘱信托是指委托人以立遗嘱的方式，把指定范围的遗产，通过遗嘱执行人于申报、缴纳遗产税后设立遗嘱信托，依信托契约的约定，为指定的继承人、受遗赠人管理遗产，至信托存续期满为止，确保遗产可依委托人生前的规划来执行。

倘若没有立遗嘱，继承方式就将依规定执行。台湾地区的遗产继承人，除配偶外，顺序依次为：第一，直系血亲；第二，父母；第三，兄弟姐妹；第四，祖父母。要留意的是，不论顺序为何，配偶都可以参与分配，若无前述继承人，遗产就由配偶全部继承。举例而言，被继承人去世后，若有配偶及两名子女，则每人分得 1/3 的财产。

如果留下的不是财产，而是债务呢？常见新闻中有"子背父债"的悲剧，法律规定要"父债子还"吗？遗产的原则是当然继承，也就是继承人不需任何意思表示，自动接受。为避免父债子偿的情况，若继承人未放弃继承，父债仍由子女来还，只是子女的责任仅以"继承所得的遗产为限"。

一般人会在负债大于资产时选择放弃继承，可以放弃继承的时间是"知道"自己需要继承的 3 个月内，以书面形式提出申请，并用书面通知下一顺位的继承人，告知对方自己已经放弃继承。

关于遗产继承、赠予、转移，虽有相关规定，本质上还是家族传承的艺术。财产能分，家族情感不能分。《朱子治家格言》曾说："家门和顺，虽饔飧不继，亦有余欢；国课早完，即囊橐无余，自得至乐。"意思是，家庭和气平顺，即使穷得吃不饱，也令人觉得欢喜；该缴纳的税款，赶快缴完，即使口袋里没有剩余的钱，仍能享受快乐。以此与家人共勉！

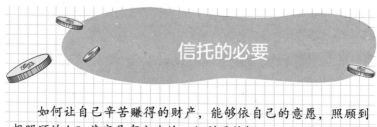

信托的必要

如何让自己辛苦赚得的财产，能够依自己的意愿，照顾到想照顾的人？其实是有方法的，如利用信托。

银行理财贵宾室里经常上演各种家庭悲喜剧。同事曾告诉我一个发生在客户身上的悲伤故事：癌症末期的中年单亲妈妈向她哭诉，担心在去世之后，自己留下的财产会被前夫（孩子的生父及法定监护人）夺去，而无法用于好好照顾孩子。

另一个令人心酸的案例是：年迈的老夫妇非常担忧有身心障碍且已到中年的独生子，在他们去世之后没人照顾。这些客户不是没有钱，有的还非常有钱，他们操心的是如何让钱财有效发挥照顾家人的作用。

曾有新闻事件，如因飞机失事，父母双亡，家中年幼子女继承了大笔保险理赔金，却招致亲戚争相照顾孩子；又如父母不幸发生车祸，年轻的子女任意挥霍保险金。

信托能帮我们照顾至亲

传统观念中，家中发生变故，会把年幼的孩童托付给亲人。虽说"亲戚不计较"，但实际上亲戚有时比外人还计较。家中若出了品行不端的亲戚，仗着有照养权利，行夺取财物之恶，在哀叹家门不幸之余，有什么方法可以防范品行不端的亲戚觊觎财产呢？如何让自己辛苦赚的财产，能够依自己的意愿，照顾到想照顾的人？其实是有方法的，如利用信托。

信托为何这么重要？最大的原因是信托财产具有独立性，即信托财产独立于委托人及受托人的自有财产之外，而不会成为委托人或受托人的债权人求偿标的。对前例的癌症末期的单亲妈妈而言，若她生前用个人财产设立信托专户，由银行担任受托人依照她（委托人）的意愿管理财产，她就不用担心前夫会抢夺财产。信托专户一旦成立就有其独立性，即使出现债主说这位妈妈欠钱未还，也不会影响或动用到此信托专户里的钱。办理信托时，委托人须将信托财产转移至受托人（银行）名下，等信托关系结束后，信托财产最终会转移给受益人，所以信托财产并不是受托人的自有财产，而是具有独立性质的受益权。

同样，前例的年迈老夫妇担忧独生子无人照顾，可以先找好能照顾儿子的疗养照护机构，再以遗嘱结合信托的形式，委托银行运用信托财产来支付该机构所需要的费用，达成照顾至亲的遗愿。

👛 用保险金也可以办理信托

信托依具体情况有不同的规划处理方式，收费也不同，一般包括签约手续费（由委托人于签订信托契约时一次给付）、修约手续费（每次每笔修约费用依信托契约载明的内容而定），以及信托管理费（收费标准依信托规划及信托财产种类而定，以信托财产净资产价值乘以费率，再乘以持有期进行计算；支付方式是由委托人支付给银行或由银行依信托契约约定从信托财产中扣除，支付时点则依照信托契约的约定）。越是复杂的信托内容和越长的信托契约期，银行的收费就越高。

前面提到担心保险理赔金会被品行不端的亲戚夺走的情况，其实可以运用保险金信托来预防。许多保险业务人员在与客户洽谈保险规划时，经常向客户建议加签保险金信托，保障理赔金不被误用。

保险金信托就是委托人先和银行信托部签约，将未来保险理赔金作为信托财产。若保险人（父母）不幸身故，保险公司将理赔金直接拨入受托银行信托专户，由银行依约定管理、运用及给付受益人（孩子）。若怕保险理赔金或遗产被年轻子女挥霍，父母可将信托契约的到期日设定在受益人具有财产管理能力的时候。

信托，顾名思义是因信赖而托付，信托具有财产管理、员工福利发放、社会责任履行、事务处理、资金调度及风险管理等功能。信托产品种类多，不仅能帮助家庭，也能满足大众的不同需求。如果担心品行不端的亲戚会找麻烦，设立信托是一个好办法！

迎接数字金融新时代

我小时候最喜欢看动画片《小叮当》，更名为"哆啦A梦"的机器猫有一个神奇的百宝袋，里面有各种法宝，可以解决主人和朋友们的难题。哆啦A梦来自未来，而这个"未来世界"似乎"现在"就已经实现了。网络科技、移动通信和人工智能的快速发展，使机器猫哆啦A梦很可能成为家庭必备的"宠物猫"。

大数据时代来临，数字理财已成风潮，想象一下，孩子长大后的金钱世界跟我们现在的有什么不同呢？

首先是"消失的钱包"，人们不再使用装满钞票、硬币、信用卡、储蓄卡的钱包，取而代之的是方便的智能手机。其次是"支付转账行为的改变"，金钱的流动更为快速简单。如今在大陆，连卖水果的摊贩都在使用支付宝收钱，朋友聚餐在结账时，只需用手机扫一下就可以付钱。

再次是"理财资讯取得容易且快速"，各种信息能够有效且广泛地由相关 App 来提供。最后是"理财决策更为智能化"，投资什么股票、购买什么保险、如何有效节税，都将由计算机告知，不用再花钱花精力去请教银行理财顾问或财会专家了。

金钱转移容易，安全管控更重要

在金融数字化的趋势下，北欧的瑞典等国已开始试行无纸化的金钱支付和交易。在无纸化的金融体系中，不再存在真实且摸得着的钞票、硬币，全部交易通过手机、电脑、机器和卡等硬件设备来操作。缺乏实体感的金钱，还是所谓的"财富"吗？"无感"的金钱会带来怎样的生活改变？

未来，智慧金融预计将由生物识别认证技术、云计算、机器学习、电子支付及移动支付、区块链及分布式分类账本、大数据等 6 项科技共同孕育。2008 年比特币诞生，它代表了一种完全匿名且不需成本的交易方式。比特币不属于任何国家，不受地域限制，是一种能够随时随地进行自由兑换的货币。数字金融智慧化的发展被预期将给全球各类产业带来新商机，改善人们的生活。我们的孩子极可能生活在这样的数字金融世界中，与现今的世界大不一样。未来，硬币、钞票恐怕只能在博物馆中看到了。

因为金钱的支付、转移等变得容易，安全管控就更加重要，一旦系统遭黑客入侵或被诈骗集团盯上，就可能蒙受巨大损失。

最近，新闻报道了一个孩子偷用爸妈的支付宝账号，花费数万元打赏网红，这不禁令人担忧"金融数字化"和"机器智能化"等科技发展所带来的金钱管理问题。2015 年 10 月，菲律宾一家银行及孟加拉央行的支付网络系统遭受攻击，损失巨大。

👛 人工智能无所不在的时代

最近，我陪 80 多岁的父亲到医院做复健，在门口迎接我们的是名叫"Pepper"的机器人，它像小男生般手舞足蹈、唱歌说话，吸引了众人的目光，成为医院最受欢迎的"亲善大使"。另一个场景，银行的电话客服提供商正在举办研讨会，向来宾介绍"小 i 智能机器人"，名字像女生的它能自动辨别客户的语音或文字问题，并进行对话内容的语意分析，还能不断学习金融专业知识，以便与客户的互动更自然。

随着智能机器人功能更强大、应用更普遍，人们开始担心工作被抢走。研究报告显示，未来 20 年，美国约有 47% 的工作有极大概率被机器人取代。另有研究指出，在 15 种可能被自动化取代的职业中，信贷专员、法务助理、现场服务员和零售业销售人员等，有超过九成的概率被机器人取代，而出租车司机、保全人员、快餐业厨师和调酒师则有八成概率被取代。也就是说，有"高度可预测性"和"规则制度"或"高度依赖科技协助"的工作，被机器人抢走的概率都很高。世界经济论坛（WEF）在报告中预估，四五年后，全球500多万人将因人工智能、机器人技术和其他技术而失业。

我们子女的工作恐将被机器人抢走，他们该怎么办？

👛 重新思考工作的意义

比尔·盖茨曾提出"机器人税"的概念，即建议对拥有机器人的企业征税，再把税金用来培训因机器人而失业的人。他所创办的微软公司是目前人工智能技术领先企业之一，曾因个人电脑业务与开发作业系统使某些职业人数大幅减少，例如打字员。比尔·盖茨认为，当创新技术取代人工的状况遍及各行各业时，必须有方法管理和照顾因丢掉工作而流离失所的人。机器人不会请假、没有过劳问题，企业不用提拨退休金，省下的这些成本，可以以"机器人税"的形式来帮助失业的民众重新找到工作。

反应快速的瑞士政府不仅把机器人技术定为战略发展方向，而且建立了国家机器人能力研究中心。面对以机器人技术打先锋的技术革命，越来越多的工作被机器人抢走，如果这些失去工作的人没有收入，生存就受到威胁，瑞士政府认为必须由国家保障所有人的基本收入，因此在 2016 年举办全民公投，决定是否推行保障国民基本收入的"无条件基本收入"制度。结果，这个可以无条件让国民月领约合新台币 8 万元的提案，竟在公投中遭到近八成选民的否决，因为理性的瑞士人担心"钱从哪里来"，也怀疑这个做法是另类的"劫富济贫"。

人工智能专家、创新工场董事长李开复面对机器人时代并不悲观，他认为，人工智能将工作转变成新的形式。历史上所有划时代的科技必然引发人们生活方式的改变，人工智能帮我们做机械性的重复工作，人们才得以去做更多想做的事情。他认为，未来有 5 种人才将不容易被人工智能取代，包括服务型人才、懂艺术和美并能结合人工智能应用的人才、某领域顶级专家、跨领域顶级专家、掌握机器的领袖。

但是，许多父母又担忧："我的孩子天生就没有这方面的才能，眼看要被机器人取代，他们长大还能做什么？"进入人工智能时代后，将有半数以上工作被抢走，人类在此过程中，也将学着重新思考"工作"的意义。李开复进一步建议父母，让孩子做自己爱做和擅长的事情，努力提升自己的专业能力，成为跨领域人才，善用人工智能进行人机合作，并且专注于人与人的感性交流。

全世界各经济体、各产业，甚至职场上的人，都必须经过一定程度的"阵痛"，重新调整工作结构与秩序，才能与机器和平共存。在可预见的未来，人工智能等科技应用将会快速发展，金钱的管理、支付也将变得更容易。但"赚钱"这件事会不会随着智能机器的发展，而变得更容易呢？很多专家担心，因工作被机器人抢走，人类想要赚钱，会变得更困难。但也有人认为，因为机器人越来越聪明，原本靠理财顾问研究的理财方案，会因为有智能机器人的帮忙而变得更精准，投资理财赚钱的获利机会就变多了。

　　面对不可知的未来，在大数据应用下，个人隐私和行为模式是否无所隐藏？商业广告信息会不会如影随形地影响我们的消费决策和判断？机器人究竟会发展成帮人赚钱的智能工具，还是抢夺人类工作权益的"强盗"？机器人会继续为人所用，还是将全面取代人类？人与机器人会和平共处，还是会爆发"人机大战"？这些问题的答案将由人类自己来揭开。